怪诞心理学

揭秘日常生活中的古怪之处

[英] 理查德·怀斯曼（Richard Wiseman） 著 路本福 译

QUIRKOLOGY:
THE CURIOUS SCIENCE OF EVERYDAY LIVES

CnS PUBLISHING & MEDIA 中南出版传媒
湖南文艺出版社 HUNAN LITERATURE AND ART PUBLISHING HOUSE
博集天卷 CS-BOOKY

神奇的 Q 测试

在我们正式开始之前，请你先花一点儿时间完成下面的这个小测试。

举起你平常用来写字的那只手，然后用食指在前额上画一个大写字母 Q。事实上，你有两种方式可以完成这项任务！

你画的 Q 可能是小尾巴朝向你的右眼，如图所示：

在这种情况下，你可以看出这是一个 Q，但站在你对面的人却看不出来。

你画的 Q 也可能是小尾巴朝向你的左眼，如图所示：

在这种情况下，站在你对面的人可以看出这是一个 Q，但你自己却看不出来了。

稍后我们会谈到，你完成这项任务的方式隐含着大量的信息，而这些信息跟你生活中一个非常重要的方面息息相关。

目录

怪
诞
心
理
学

QUIRKOLOGY:
the curious science of everyday lives

序

怪诞心理学

QUIRKOLOGY:
the curious science of everyday lives

什么是怪诞心理学？这门学问的意义何在？

以科学的方法探究泡茶的奥秘、祈祷的力量、水果的个性和人浪的形成。

长久以来，人类行为的古怪面一直都在撩拨着我那充满好奇的神经。

在大学里读心理系时，我曾把伦敦的国王十字车站当成心理实验室，在那里一待就是好几个小时。我的研究对象是那些刚刚见到自己的另一半走下火车的人。在他们深情相拥的那一刻，我会立即走上前去，同时启动藏在口袋里的秒表，然后对他们说："打扰了，你们不介意做个心理实验吧？从我刚说'打扰了'这几个字到现在，你们觉得已经过了几秒钟？"研究结果显示，沉醉在爱河之中的人会大大低估时间的流逝速度，正如爱因斯坦所言："如果在一个漂亮的姑娘身旁坐上一小时，你会觉得只坐了一分钟；如果你在一个热火炉上坐了一分钟，你却会觉得仿佛坐了一小时。这就是相对论。"

在整个职业生涯中，我一直对心理学中不同寻常的方面心存好奇。当然，我并不是第一个对这种行为测量法感兴趣的人。在时间的历史长河中，每一个时代都会出现几位致力于探索稀奇古怪事物的研究人员。

弗朗西斯·高尔顿爵士是维多利亚时代一位特立独行的科学家，很可能也是这种行为测量法的创始人，他把一生中大部分时间都用在了研究不寻常的主题上。他曾偷偷衡量同事演讲时听众烦躁不安的程度，由此来客观评判同事的演讲是不是很枯燥乏味。他曾在口袋里放着计数器，在英国各主要城市的大街上游走，暗中记录和他擦身而过的人是貌美如花、相对丑陋还是相貌平平，并由此绘制出了英国的"美女地图"（伦敦的美女最多，阿伯丁的情况最为糟糕）。

高尔顿对祈祷效果的研究引起了较大的争议。他做了一个假设，如果祈祷真的有效，那么神职人员应该比大部分人更为长寿才对，理由很简单，他们祈祷的时间显然更长，也更为虔诚。他对各种人物辞典中收录的成百上千位名人进行了非常广泛的分析，结果发现神职人员的寿命其实远没有律师和医生那么长，这让极为虔诚的高尔顿开始质疑祈祷的力量。

甚至连泡茶这件事也引起了高尔顿的注意，为了用科学的方法找出泡杯好茶的完美之道，他花费了数月的时间，还做了一个特殊的温度计，让他可以随时测量茶壶里的水温。经过严谨的测试后，高尔顿得出了如下结论：

当茶壶内的水温维持在 180～190 华氏度（82～87 摄氏度）之间，而且茶叶浸泡时间达到 8 分钟时，泡出的茶味道最醇，喝起来最香，而且绝对不会太苦，也不会太淡。

能够对泡茶进行如此彻底的研究，高尔顿很是得意，于是骄傲地宣称："茶壶里再也没有什么秘密了。"

从表面上看，高尔顿对无聊、美貌、祈祷和泡茶的研究可能显得比较分散。不过，这些都是同一种人类行为研究方法的早期绝佳案例，我把这种方法称为"怪诞心理学"。

简单地说，怪诞心理学是以科学的方法研究日常生活中稀奇古怪的各个方面。在过去的几百年里，虽然已经有少数先行者在心理学研究中采用了这种方法，但这种方法却一直未被认定为一门严肃的社会科学。这些研究人员追随着高尔顿的脚步，在主流科学家怯于涉足的领域内勇敢前行。他们业已完成了以下创举：

√ 研究过在足球场中至少需要多少人才能形成人浪；

√ 请人试着记住 1 万张照片，以此来记录视觉记忆的上限；

√ 确定了水果的个性特质（柠檬不讨人喜欢，洋葱很愚钝，蘑菇一心想着攀附权贵）；

√ 偷偷计算正戴棒球帽与反戴棒球帽的人数；

√ 站在超市外面，手捧募捐箱，暗中衡量请求捐款的不同措辞对实际捐款金额的影响（一句简单的“一分钱也能帮上忙”几乎总会让捐款加倍）；

√ 发现越临近圣诞节，孩子们画的圣诞老人会越大，到了 1 月，这位老公公的个头在孩子们的画笔下就明显缩小了。

在过去的 20 年里，我也对人类行为做过类似的研究。我研究过揭开撒谎者面纱的征兆，探索过我们的出生月份对个性的影响，发掘出了快速约会和征友广告背后科学的秘密，还研究过一个人的幽默感会透露出其内心最深处的哪些想法。开展这些研究的方式也是多种多样的，其中包括暗中观察人们如何处理日常事务、在艺术展和音乐会中进行不寻常的实验，甚至在闹鬼的建筑里举行虚假的通灵会。全世界有成千上万人参与了上述研究。

本书详细记录了我所从事的古怪探险和实验，同时我也把这本书献给 20 世纪的少数学者，正是有了他们的不懈努力和倾情投入，怪诞心理学这面旗子才得以在过去的 100 年里迎风招展！

本书的每一章都将向读者揭示隐藏在人生各个不同层面的秘密心理，其中包括欺骗、决策、自私和迷信等。在此过程中，读者会看到一些我最喜欢的古怪研究。比如说，拖延车辆在有红绿灯的路口停留的时间，以此衡量后面会有多少辆车的司机不耐烦地使劲按喇叭；研究为什么姓鱼的海洋生物学家特别多；暗中分析买的商品超过 10 件却到超市快速通道结账的是哪一类人；叫人用菜刀砍下活老鼠的头颅；分析自杀率是不是和全国电台播放的乡村音乐数量有关；虽然各种质疑看似不无道理，但实验证明“黑色星期五”的确对人的健康不利。

在你即将看到的这些研究中，大多数到目前为止还难登大雅之堂，只能屈居于不知名的学术期刊中。这些都是严谨的科学研究，对于我们的生活方式与社会结构而言，这些研究具有非常重要的意义。不过，和绝大多数的心理学研究不同，这些研究本身都有点儿古怪。有些是用主流的方式研究不同寻常的课题，有些则是用不同寻常的方式研究主流的课题，他们都是行为科学家搞怪的结果。

现在，就让我们一起踏上怪诞心理学的奇妙之旅吧！

怪
诞
心
理
学

QUIRKOLOGY:
the curious science of everyday lives

第1章
你的生日到底隐含着怎样的秘密
——时间心理学

如何用冷血杀手的生命历程来检测占星术是否真的灵验？

你是否的确生来就是一个幸运儿？

在说起生日的时候那些富人和名人为什么会刻意撒谎？

有些人又是如何一心想着逃税、避税的？

在美国，每天大约有1亿人都在看自己的星座运程，大约有600万人会付钱请专业的占星师为自己做性格分析，由此可见，对星座的信仰业已经受住了时间的考验。能够预测未来的占星师具有某种非凡的魅力，就连世界上的某些政要对这种魅力也难以抵挡。美国前总统罗纳德·里根和第一夫人南希·里根就特别喜欢向占星师请教。事实上，他们政治生活的许多方面都受到了占星学的影响，其中包括举办国际高峰会议的时间、总统发表宣言的时间以及空军一号的飞行时刻表。

在过去的几年里，有一小部分热情高涨的科学家投入了大量的时间和精力去研究人们的出生日期和他们的生活之间的关系。他们的研究范围涉及甚广，其中包括剖析那些残酷无情的冷血杀人狂、追踪数以百万计的美国纳税申报表、分析英超足球明星的生日、让两万多人上线进而评估他们各自的运气，甚至还有科学家让一名年仅4岁的小孩预测全球股市的发展趋势。虽然他们的工作进展缓慢，但有一点是毫无疑问的，那就是他们逐渐从笼罩在星座之上的层层迷雾中发现了一个事实：我们的出生日期的确会在很多方面影响到我们的思维方式和行为举止。

先知和收益

英国科学促进会成立于 1831 年，创办人是苏格兰著名科学家大卫·布鲁斯特爵士。英国科学促进会拥有几项备受赞誉的创举。1841 年，表示恐龙的英语单词 dinosaur 首次出现在了英国科学促进会的会议上；在 1860 年的年会上，物理学家奥利弗·洛奇向与会者演示了无线传输技术，这是该技术最初的几次公开亮相之一；同样是在 1860 年，有关物种起源的著名论战也是在英国科学促进会的会议中上演的，论战的双方分别是生物学家赫胥黎和牛津教区主教塞缪尔·威尔伯福斯。（威尔伯福斯主教代表的是宗教势力，由于他非常“狡猾”，而且能言善辩，所以为自己赢得了一个绰号“油嘴山姆”。）据传言，当时有这么一番情形：威尔伯福斯转向赫胥黎，然后以讥讽的口吻问道：“你那类人猿的血统，是来自祖父一方呢，还是祖母一方？”赫胥黎并没有被主教咄咄逼人的攻势吓倒，他先是平静地转身，小声对自己的同事们说：“是上帝把他交到我手里的。”然后他直视着主教宣称自己宁愿认一只类人猿做祖父，也不愿与一位主教扯上什么关系。

英国科学促进会每年都会举办为期一周的科学庆典，2001 年，他们邀请我去做一个实验，该实验是科学周活动的一个组成部分。收到邀请函之后，我碰巧在报纸上看到了一篇有关占星学的文章，文章讲述的是当时最流行的金融占星学，而且提到有些占星师宣称一家公司的设立日期能够影响到其日后的经营业绩。如果这是真的，那么遍布全球的投资者就有了一个至关重要的投资参照依据，于是我决定研究一下这个“课题”，看看上帝的旨意是否的确能够左右一家公司的发展前景。

我主持的这个实验需要三名参与者：一名金融占星师、一名资深的分析师以及一个年龄尚小的孩子。在实验开始的时候，我们会为每名参与者提供价值 5000 英镑的虚拟货币，然后让他们用这些钱去购买自己最为看好的公司的股票。在接下来的一周时间里，我们会就他们将如何选择进行追踪。那么，到底谁的投资是最明智的呢？

众所周知，要想让占星师参与这类研究非常困难。绝大部分占星师都不愿意拿自己的预言去做实验，即便有些占星师对此有些兴趣，但考虑到这是一次科学实验，他们也不会同意参加了。不过，我们的运气还算不错，打了几十个电话后，终于有一名职业的金融占星师说他觉得这个项目听起来很有趣，所以很爽快地就答应了接受挑战，他可真是一个大好人啊。

剩下的两名实验对象招募起来就容易多了。我们上了会儿网，然后打了几个电话，很快就有一名资深的分析师进入了我们的视线，他也很高兴地表示愿意参与实验。最后，我一个朋友的朋友说很乐意问问他的女儿是否愿意做第三个实验对象，当然也是最后一个。我们仅用一块巧克力就达成了这最后一笔交易，4 岁的小蒂娅来自伦敦东南部，没有任何投资经验，她的加盟为我们的寻觅之旅画上了一个圆满的句号。巴克莱股票经纪公司是英国最负盛名的投资公司之一，他们同意担任这场投资大赛的裁判。看来，我们已经做好了所有的前期准备工作。

我们选定了英国最大的 100 家公司，我们的三名参与者可以用他们所拥有的现金购买任意一家或几家公司的股票。我们的金融占星师仔细研究了各家公司的设立日期，然后很快确定了自己的投资领域，其中包括通信股和技术股（沃达丰通信公司、Emap 公司、巴尔的摩技术公司和培生集团）。凭借自身长达 7 年的丰富经验，我们的分析师决定将投资的重点锁定在通信行业（沃达丰通信公司、马可尼公司、大东电报公司和保诚集团）。

我们希望小蒂娅的选择完全是随机的，她很高兴地就答应了。我们想到了一个巧妙的选择流程，其间要用到一把四脚梯和一大堆小纸片。2001 年 3 月 15 日上午 11 点 55 分，在巴克莱股票经纪公司的大理石走廊上，我小心翼翼地站在一把 6 英尺（1 英尺 =0.3048 米）高的梯子顶上。陪着小蒂娅站在走廊上的是公司的几个顶级投资经理，他们都在耐心地等待着。我的一只手紧紧地抓着梯子，另一只手里拿着 100 张小纸片，每一张小纸片上都写着一家公司的名字。当正午 12 点的钟声敲响的时候，我把手中所有的小纸片使劲抛向了空中，在它们轻轻飘向地面的时候，小蒂娅随机抓住了其中的 4 张小纸片。她把自己抓到的小纸片郑重地交到妈妈的手中，这位母亲随后宣布了女儿的投资之选：一家高级银行（苏格兰银行）、一家著名的品牌饮料集团（Diageo，帝亚吉欧）、一家金融服务集团（Old Mutual，耆卫保险）和一家领先的连锁超市集团（Sainsbury，圣伯里）。虽然周围的观众并不多，但所有人都为小蒂娅的选择鼓掌欢呼，小蒂娅也很淑女地给大家行了个屈膝礼表示感谢。

为了力求公平，我们允许参与者在实验开始几天后改变自己的投资计划。我们的金融占星师重新观测了天象，随后更换了三只股票，所以他的最终投资组合是工业气体公司 BOC（氧气公司）、BAE（英国宇航）系统公司、联合利华公司和培生集团。在接受记者采访时，他表示自己之所以选择这些公司，是因为它们的背后都有非常不错的行星风呈现。我们的资深分析师坚持不改变自己最初的选择。经过第二次天女散花般的随机撒纸后，小蒂娅的投资组合变成了基金管理公司 Amvescap（景顺集团）、Bass（巴斯）公司、苏格兰银行和哈利法克斯公司。

在一周的期限到来的时候，我们再次相聚巴克莱股票经纪公司，开始评估三位参与者的投资成果。在过去的一周里，股市出现了极为异常的波动，世界顶尖企业的市值突然之间蒸发了数十亿。奇怪的是，无论是金融占星师还是资深分析师都没有预见这场风暴。全球股市骤然暴跌的结果就是我们的三位参与者都出现了不同程度的亏损。损失最大的是金融占星师，观测天象的结果是他的投资赔了 10.1%；紧随其后的是资深分析师，亏损 7.1%；相对而言表现最好的竟然是小蒂娅，她的随机投资只赔了 4.6%。

我们的资深分析师并没有像一般投资人那样表现出一派豁达乐观的态度，他告诉记者，原本觉得自己可能会是倒数第一名，他一直认为小蒂娅肯定是最后的冠军。我们的占星师对投资失利的解释依然跟星象有关，他说如果事先知道小蒂娅是巨蟹座，他根本就不会参与这场比赛。相对而言，小蒂娅的态度就谦逊多了，她说自己也不知道是怎么赢的，还说在幼儿园的时候甚至都没有学过科学。

《太阳报》对小蒂娅的成功表现出了浓厚的兴趣，特意在报纸的金融版块辟出了一个整版介绍小蒂娅，还列举了小蒂娅送给热血股民的三条建议："金融不是万能的，但糖果却是。""早点儿上床睡觉。""关注日益成长的儿童玩具市场。"由美国知名主持人莱诺主持的《今夜秀》节目组表示有意让小蒂娅上他们的节目，但小蒂娅最终拒绝了，我们猜想她肯定是唯一一个以家庭作业为由婉言谢绝邀请的嘉宾。

在金融世界里，一周的时间的确不能算长，因此我们决定将实验的时间跨度延长为一年。事实证明，这 12 个月给人的感觉可真够漫长的，全球经济持续低迷，市场整体下跌幅度高达 16%。在实验进行到接近一整年时，我们请巴克莱股票经纪公司的专家们对三位参与者的投资组合再次进行价值评估。这一次，三者之间的差距就更大了：我们的资深分析师赔了 46.2%，金融占星师的成绩相对要好一些，但依然亏损了 6.2%，小蒂娅则再次荣登冠军宝座。在大盘持续下跌的情况下，她竟然获利 5.8%。

投资专家对所选股票的预测显然并不灵光，对此我倒觉得没什么可大惊小怪的。资深分析师的智慧受到挑战和质疑并不是第一次。在瑞典进行的一项研究中，一家全国性的报纸为五位资深的投资人和一只名叫奥拉的大猩猩分别提供了 1250 美元。奥拉采用投掷飞镖的方式选出了在斯德哥尔摩证券交易所挂牌交易的几家公司的股票。一个月后，报纸开始对比每一位参赛者的投资成果，令人惊讶的是，奥拉投资的股票在收益上超过了每一位资深投资人所选的股票。……五位投资人每人选出 1 只股票，然后采用奥拉的投掷飞镖法再选出 4 只其他股票。6 个月后，报纸开始对比两种不同选择的投资回报率。事实证明，随机选出的股票在回报率上总要胜过专家的选择，而且每次至少会打败其中一位投资人。

关于金融占星学，这样的测验，并非科学家们第一次采用科学的方法研究星象和世俗事务之间有何关联。在过去的几十年里，这种研究从来就没有间断过，其中还包括一系列非同寻常的实验，就我所知，英国就有一位非常著名的心理学家在这个领域做了大量的工作。

占星预言

汉斯·艾森克教授可能是 20 世纪最具影响力的思想家之一。在 1997 年去世之前，他也是科学期刊和杂志最常提及的在世心理学家。他最喜欢的一句话就是："无法衡量，即不存在。"艾森克将毕生的大部分精力用于研究如何量化人性中的某些方面，这些特质通常被认为是无法借助科学的方法加以衡量的，比如诗歌、性行为、幽默和天赋等。然而，他之所以能够闻名遐迩，可能还要归功于他在人性分析方面的贡献。他发明的个性调查表在现代心理学研究中应用依然是最为广泛的。

要想完全理解艾森克对于占星术的研究，就有必要对他所从事的个性分析研究有所了解。艾森克曾安排了成千上万的人填写调查问卷，然后借助强大的统计技巧对结果进行分析，从而找出人与人在个性上存在差异的主要纬度。研究结果显示，人们的个性并没有想象中那么复杂。事实上，在艾森克看来，它们只是在少数几个最为基本的特质上存在一定的差异，艾森克将其中最为重要的两个特质分别定义为“外向”和“神经质”。艾森克人格调查表就是用来衡量这些特质的，整个调查表包括大约 50 个不同的描述。接受调查的人需要针对每一个描述圈选“是”或者“否”，从而确认每一句话是不是在描述他们自己。

艾森克所定义的第一个纬度是“外向”，也就是人们在生活中所呈现出来的活力。得分较高者被称为“外向型的人”。这种人比较容易冲动、乐观、开朗、喜欢与人相处、追求即时享受、拥有较多的朋友和广泛的人脉，但同时也更有可能欺骗自己的伙伴。得分较低者则被称为“内向型的人”。这种人显得更为小心谨慎、善于约束自己，相对也更保守一些。他们的社交圈往往仅限于几个非常亲近的朋友，他们对五彩斑斓的夜生活没有什么兴趣，而宁愿待在家里读一本好书。通常来说，大部分人的性格会介于“外向”和“内向”之间。艾森克人格调查表在衡量这个纬度时常会用到这样的描述：我是派对上的灵魂人物，置身于人群之中我感觉很轻松自在，等等。

艾森克所定义的第二个纬度是“神经质”，这个纬度衡量的是一个人的情绪稳定程度。得分较高者更容易产生焦虑情绪、比较没有自信、常常为自己设立不切实际的短期目标或长期目标，而且会更经常性地出现怨恨和嫉妒心理。相反，得分较低者更容易保持心态稳定、更容易放松自己，在遭遇失败的打击后情绪也更容易恢复，这种人很善于用幽默来化解焦虑，有时候甚至会因为面临压力而更加斗志昂扬。艾森克人格调查表在衡量这个纬度时常会用到这样的描述：我总是因某些事情忧心忡忡，我能够轻易摆脱压力的困扰，等等。

根据古老的占星学传说，十二星座中有六个星座和外向有关（白羊座、双子座、狮子座、天秤座、射手座和水瓶座），另外六个星座则和内向有关（金牛座、巨蟹座、处女座、天蝎座、摩羯座和双鱼座）。另外，三种土象星座的人（金牛座、处女座和摩羯座）看起来更能保持情绪的稳定和心态的平和，而三种水象星座的人（巨蟹座、天蝎座和双鱼座）则更神经质一些，情绪和心态也更容易出现波动。

为了验证这种传说是否真的属实，艾森克和广受尊崇的英国占星学家杰夫·梅奥联手展开了一项调查。梅奥在几年前创办了梅奥占星学院，并很快从全球各地招收了一大批学生。在梅奥的客户和学生中，有2000多人被要求提供他们的出生日期并填写艾森克人格调查表。对占星学持怀疑态度的人期望调查结果能证明，被调查对象的个性与古老的占星学传说之间根本就没有任何关系。与此相反，拥护占星学的人则认为出生时的星象位置毫无疑问会对一个人的思维方式和行为模式产生一定的影响。

让怀疑论者大吃一惊的是，调查的结果竟然与古老的占星学传说完全吻合。星座与外向有关的人在外向特质上的得分的确要比其他人高一些；与土象星座的人相比，三个水象星座的人在神经质特质上的得分也明显要高出一截。占星学期刊《现象》也因此宣称，这些发现“可能是本世纪占星学上最为重要的进展”。

然而，艾森克自己却对调查结果产生了怀疑，因为他突然意识到参加调查的人事实上已经对占星学笃信不疑了。这些人事先早已知晓占星学对他们个性的预测是什么。艾森克担心这种先入为主的想法可能会得到并不准确的调查结果。会不会因为调查对象觉得自己应该具备占星学所赋予他们的性格而选错了答案，从而引出了那个让怀疑论者大跌眼镜的调查结果？换句话说，这个调查结果可能只是心理作用导致的结果，而跟调查对象出生时的星象位置毫不相干。

有了这个念头后，艾森克又额外做了两个实验。第一个实验的对象是 1000 名孩子。他们几乎不可能听说过性格和星座之间的关系。这一次，调查结果出现了颠覆性的变化，而且显然与古老的占星学传说毫无吻合之处。孩子们在外向和神经质两个特质上的得分跟他们的星座根本就扯不上任何关系。为了进一步验证生日和个性之间到底有没有关联，艾森克将调查对象从孩子转到了成人，这一次，调查对象对占星学的了解程度深浅不一。结果发现，如果调查对象很清楚星座对性格有何影响，他们的问卷结果跟占星学传说的吻合程度就会非常接近。相反，如果调查对象对占星学没有太多了解，他们的问卷结果跟占星学传说就不会那么一致了。结论已经很明确了，出生时的星象位置并不会对一个人的个性产生什么魔法效应。然而，的确有这么一些人，由于对占星学中星座和性格之间的关系非常熟悉，竟然真的就变成了具有某种星座特质的人。在一次探讨科学和占星学的会议上，艾森克公开了自己的后续研究成果。后来为其作传的作家对当时的情景做了如下描述："很多占星学家的反应相当激烈，在他们中间弥漫着一种强烈的情绪，他们感觉艾森克欺骗了他们，开始的时候艾森克俨然是他们的代言人和保护神，后来却令他们难堪，这无疑是对他们的背叛。”

艾森克的实验证明，有些人的确会成为他们“应该成为”的人，当然了，这并不是研究人员唯一一次得到类似的证据。在 20 世纪 50 年代，心理学家古斯塔夫·杰哈塔曾在加纳中部研究过阿散蒂人的生活。依据传统，每一个阿散蒂孩子在出生后都会被赋予一个教名，教名依据其出生日期确定，而且与一系列性格特质息息相关。周一出生的孩子教名为 Kwadwo（夸杜沃），通常认为这些孩子会比较安静和平和，不会到处惹事。周三出生的孩子教名为 Kwaku（夸库），通常认为这些孩子比较调皮捣蛋。杰哈塔很想知道，在出生时被人为打上的性格烙印会不会对阿散蒂孩子今后的个性和生活产生深远的影响呢？为了找到答案，他查阅了少年法庭的记录，结果发现，出生时被打上的性格烙印的确会影响孩子们的行为，在法庭记录中，Kwaku 出现的频率要远远高于 Kwadwo。

那么，艾森克的研究成果会不会导致数以百万计的占星学信徒改变自己的信仰呢？很显然不会。相反，很多拥护占星学的人争辩说，星象只会对人的个性特质产生大概的指导作用，要想了解更为精确的信息，还必须仔细研究一个人降临到这个世界上的精确时间。目前，这种观点已经引起了世界各地研究人员的极大关注。

时间双胞胎和波哥小丑

英国研究人员杰弗瑞·迪恩是一个轻声细语、性格温和的人，他毕生都致力于收集和比较有助于评估星象对人类行为潜在影响的各类资讯。他所处的立场非常独特，因为他是世界上少数几个曾以占星为业的职业占星师。

2000 年，我应邀到澳大利亚的国际科学大会上发表演讲。我很高兴地发现杰弗瑞竟然也在演讲嘉宾名单中。在演讲的时候，杰弗瑞谈到了自己近期从事的最大的研究项目，他将该项目称为占星术的“决定性试验”。和很多好的点子一样，这个项目其实比较简单。依据占星师的说法，出生时的星象位置可以预测一个人的个性，并会对他们生命历程中的重大事件产生一定的影响。如果真的是这样，在同一时刻、同一地点出生的人在性格和命运上应该非常相似才对。事实上，杰弗瑞指出，他们应该是“时间双胞胎”。

在现实中，的确也发现了一些能够支持这种想法的逸事类证据。20 世纪 70 年代，占星研究人员对一个出生资料库展开了探究，他们惊讶地注意到，有些出生日期仅差几天的人竟然拥有极为相似的生命历程。法国的自行车冠军车手保罗·恰克和里昂·列弗就是一对鲜明的例子。他们分别出生于 1910 年 7 月 14 日和 7 月 12 日。1936 年，他们都在自己的职业生涯中取得了辉煌的成绩，恰克夺得了环法自行车大赛波尔多—巴黎赛段的冠军，而列弗赢得了同一场比赛两个山区赛段的第一名。1949 年 3 月，列弗在王子公园体育场的赛道上意外受伤造成头颅破裂，并当场死亡。同年 9 月，恰克也因类似的意外事故在同一条赛道上撒手人寰。

这种案例看起来多少有些诡异，但很可能只是巧合罢了。因此，杰弗瑞决定对这种现象进行更为系统的研究。他设法找到了一个数据库，里面含有 2000 多人的详细资料。这些人都是在 1958 年 3 月 3 日到 9 日之间在伦敦出生的。这个数据库是一群研究人员为研究这些人的成长历程而建立的，里面有他们在 11 岁、16 岁和 23 岁时做的智力测试和个性调查表。这些人的精确出生时间都有详细的记录，其中超过 70% 的人出生时间前后相差不超过 5 分钟。杰弗瑞把这些人按照出生时间进行了排序，并从上往下分别计算两两一对的相似度。怀疑和支持占星学的人再次对调查结果做出了截然不同的预测。怀疑论者认为名单上每一组调查对象的调查结果之间当然毫无关系。相反，占星师们则预测时间双胞胎会和同卵双胞胎一样，两个人的个性会存在令人惊讶的相似之处。

这一次，终于轮到怀疑论者欢呼了。杰弗瑞并没有发现太多证据可以证明时间双胞胎之间存在相似性。以 1958 年 3 月 4 日 11 点 5 分出生的人为例，他与晚自己几分钟出生的时间双胞胎之间的相似性，和他与晚自己一天出生的人之间的相似性并没有明显的差异。

杰弗瑞做了很多类似的测试，所有的测试结果都有一个共同点，那就是没有任何一次的测试结果能够为占星师的说法提供支持。因此，杰弗瑞有时候会把自己形容为“占星界最痛恨的人”，现代的占星师也把他视为占星界的叛徒，因为他改变了自己的信仰，竟然公开宣称自己怀疑星象能够影响人的一生。

就研究方法而言，杰弗瑞和汉斯·艾森克所从事的研究非常类似。他们通常都是通过大量数据来分析占星学的某种预言。不过，这并不是测试占星预言是否准确的唯一方法。其他研究人员也曾对个别占星师的主张发起过挑战，其中就有一个最罕见、最惊人的例子。20 世纪 80 年代晚期，一群美国研究人员就采用个案研究的方法发表了一篇文章，文章的题目很是耸人听闻——《死囚占星术》。

研究人员首先找出了臭名昭著的连环杀手约翰·盖西的出生时间、出生日期和出生地点。盖西因凌辱和杀害 33 名男子（包括少年）而被判处了 12 个死刑和 21 个无期徒刑，是一个彻头彻尾的冷血杀人魔。在闲暇的时候，他会把自己打扮成波哥小丑，然后去孩子们的生日聚会上表演。这可能会让人联想到“邪恶的小丑”。一位研究人员拜访了 5 名专业的占星师，把盖西的资料偷偷地转移到了自己身上。研究人员告诉占星师自己很喜欢跟年轻人一起共事，希望占星师能够帮自己做一个性格分析，并为自己未来的职业发展道路指点迷津。结果所有的占星师都犯了非常严重的错误。其中一位占星师鼓励他去跟年轻人一起共事，因为他可以“激励年轻人表现出最好的特质”。另一位占星师分析了研究人员提供的信息，然后信誓旦旦地预测，他的一生将会“非常非常光明”。还有一位占星师说他“善良、温和，能够体谅他人的需求”。

汉斯·艾森克、杰弗瑞以及其他人的研究成果显示，占星预言通常来说根本不准。这就让我们不得不在脑海里画一个大大的问号了：既然不准，为什么还有那么多人笃信占星术呢？

伯特伦·弗瑞尔教授与夜店笔迹学家

20 世纪 40 年代晚期，伯特伦·弗瑞尔教授正忙着设计新奇的方法来测试人的性格。有一天晚上，弗瑞尔去了一家夜店。一个笔迹学家走了过来，说可以依据他的笔迹判断出他的性格。弗瑞尔婉言谢绝了，不过这次偶遇引起了他的思考：为什么有那么多人相信占星师和笔迹学家呢？弗瑞尔本来可以继续做他的正规学术研究，但他实在无法摆脱好奇心的诱惑，于是决定做一个不同寻常的实验。结果这个实验让他一下子名声大噪，以至于很多人在很久以后还对这个实验记忆犹新，但对他此前在性格方面所从事的主流研究却渐渐地淡忘了。

弗瑞尔要求上他开设的“心理学导论”课程的学生完成一项性格测试。一周后，他给每名学生发了一张纸，然后告诉他们上面有依据他们的测试分数得出的简短性格描述。弗瑞尔让大家仔细地读一下自己拿到的性格描述，并依据描述的准确性打一个分数，0 代表非常不准，5 代表非常准确。如果觉得性格测试的结果比较准确的话，就请举手。

现在，就让我们时光倒流，回到弗瑞尔的课堂上。下面这段话就是弗瑞尔的学生拿到的其中一份描述，请通读一遍，看看如果用这段描述来形容你的性格准不准：

你需要别人喜欢你和欣赏你，但你通常对自己要求苛刻。虽然你在个性上的确有一些弱点，但你通常能够设法加以弥补。你在某些方面的能力并没有得到充分的发挥，所以还未能变成你的优势。从外表来看，你是一个讲求自律和自制的人，但内心却常常焦虑不安。有时候，你会强烈地怀疑自己是不是做出了正确的决定或正确的事情。你倾向于让自己的生活有所改变和变得丰富多彩，在遇到约束和限制时你会感到不满。你很自豪自己是一个能够独立思考的人，如果没有令人满意的证据，你不会接受别人的观点和说法。不过，你也觉得在别人面前过于直言不讳并不是明智之举。有时候你很外向，比较容易亲近，也乐于与人交往，但有时候你却很内向，比较小心谨慎，而且沉默寡言。你有很多梦想，其中有一些看起来相当不切实际。

弗瑞尔的学生都仔细看了自己拿到的描述，并依据描述的准确性打了一个分数。随后就开始陆续有学生举手。几分钟之后，弗瑞尔惊讶地发现班上所有的学生都把手举起来了。弗瑞尔为什么会如此惊讶呢？

就和某些心理学实验一样，弗瑞尔并没有真正对他的学生实话实说。事实上，他发给学生的性格描述并不是依据他们的测试分数得出的，而是来自他几天前顺手在报摊上买的一本星座书。更重要的是，每一个学生拿到的都是同一份性格描述——也就是你刚才读到的那些内容。

弗瑞尔只不过大致翻阅了那本星座书，然后从不同的星座说明中挑选了 10 句话，凑成了一段文字。尽管班上的每一个学生拿到的都是同样的性格描述，但竟然有 87% 的学生给出的是 4 分或者 5 分。也就是说，他们都觉得测试的结果还是很准确的。弗瑞尔独创的这份性格描述现在早已闻名全球，成千上万的心理学实验和电视真人秀节目中都曾用过这份性格描述。

自从在夜店遇到那位笔迹学家后，弗瑞尔就留下了一个未解的心结，经过这次实验后，心里的疑惑就烟消云散了。占星学和笔迹学事实上并不需要真的很准，只要看起来很准就足够了。只要给人们一个非常概括的描述，他们的大脑就会诱使他们相信这些描述具有非常独到的见解。

做完研究后，弗瑞尔立刻告诉学生，他们拿到的都是同一份性格描述，并解释说这个实验“充分证明了人们很容易过于相信含糊其词的描述”，这种情况跟江湖骗子使用的伎俩其实颇为相似。很显然，班上的绝大部分学生并没有因为“上当受骗”而不高兴。很多学生甚至还对这个实验给予了高度评价，他们跟弗瑞尔要了一份性格描述，打算拿自己的朋友当靶子重新玩一次这个心理游戏。如果换成其他的心理学家，大部分人可能会就此结束实验了，可弗瑞尔并没有偃旗息鼓，而是精心设计了最后一个环节，他的学生再次成为被老师“算计”的实验对象。

弗瑞尔想知道他的学生是否希望自己是最聪明机灵的人，而且在现代社会中具有良好的适应能力。如果是这样，接受含糊其词的性格描述不就是对自我认可的一种挑战吗？此外，他们会不会不愿接受坦诚认识自我的痛苦过程，转而选择“捷径”，直接否认自己曾被弗瑞尔的实验骗过呢?

三周后，弗瑞尔告诉班上的学生，由于自己一时疏忽，竟然不小心把评分表上的名字给删除了，所以他希望大家能够诚实地按照最初的评分重新在拿到的性格描述上圈选一次。事实上，他根本就没有删除学生的名字。他这么做的目的就是核对学生再次给出的分数与之前的是否完全一致。结果证明，在原来圈选“非常准确”（给出了最高分 5 分）的学生中，竟然有一半的学生认为那份性格描述说得其实不是那么回事，并且说自己此前给出的分数本来就比较低。弗瑞尔这次终于搞明白了，看起来那些容易上当受骗的人宁可欺骗自己，也不愿意坦然面对自己容易上当受骗这个事实。

巴纳姆效应

20 世纪 50 年代，心理学家保罗・米尔以著名的美国马戏团艺人菲尼亚斯・泰勒・巴纳姆的名字将弗瑞尔的实验结果命名为“巴纳姆效应”。巴纳姆曾经说过一句名言：任何一流的马戏团都应该有能力让每个人看到自己喜欢的节目。多年来的研究显示，无论男女老幼，无论是否相信占星术，几乎每个人都会受到巴纳姆效应的影响，学生如此，人事经理们甚至也不能例外。

很多研究人员以弗瑞尔的实验为基础进行后续研究，其中最为著名的一项研究来自法国人米歇尔·高奎林。有一家公司号称能够借助高科技的电脑得出非常精准的星座分析报告，于是高奎林把臭名昭著的法国杀人狂魔马塞尔·贝蒂德的详细生日资料寄给了这家公司。在第二次世界大战期间，贝蒂德欺骗受害者说他能够帮助他们逃离被纳粹德国占领的法国，事实上他却给这些人注射致命的毒药，然后看着他们慢慢死去。后来贝蒂德被判犯下了 19 宗命案，并于 1946 年被斩首处决。对于贝蒂德人生中阴森可怖的一面，电脑得出的星座分析报告完全没有提到。这份报告和弗瑞尔在实验中使用的语言类似，读起来也就是一些无关痛痒的巴纳姆式描述罢了。其中部分内容如下：

他的适应性很好，可塑性也很强，这些个性通过技巧和效率得到了淋漓尽致的发挥。他在生活中充满活力，但这种活力会朝着秩序、控制和平衡的方向发展。无论是在社交、物质还是智慧上，他都非常讲求条理。他看起来可能是一个乐于遵循社会规范、举止得体、颇有道德感的人，是生活富足、思想健全的中产阶级中的一员。

虽然贝蒂德在 1946 年就被依法处决了，但星座分析报告还预测说他很可能会在 1970 年到 1972 年期间“考虑对感情生活做出承诺”。

高奎林由此受到启发，于是灵机一动，在一家知名的报纸上刊登了一则广告，声称可以免费为人们提供电脑生成的星座分析报告。法国各地共有 150 人对这则广告做出了回应。高奎林把贝蒂德的星座分析报告寄给了每一个人，并让他们通过打分的方式评价收到的分析报告是否准确地描述了他们的个性。结果显示，有 94% 的人认为分析报告的内容非常准确。有一个人在给高奎林的信中写道："这台机器生成的报告简直太棒了……我得说这简直太超乎想象了。"另外一个人则写道："一台电子设备竟然能够算出人的性格和未来，这简直太不可思议了。"还有一些人被这份报告的精准性深深地折服了，他们竟然愿意付钱给高奎林，以便得到更为详尽的分析报告。

那么，为什么会有这么多人被这种类型的描述骗得晕头转向呢？

人们之所以认同这些描述，是因为对于大多数人来说这些描述都是正确的。毕竟，谁会强烈质疑自己做出的重要决定呢？谁能否认希望别人欣赏和钦佩自己呢？谁不会对安全感有迫切的渴求呢？即便是一些听起来很个性化的描述，对于很多人来说也可能是正确的。几年前，我的同事心理学家苏珊·布莱克摩尔对 6000 多人进行了一次调查。她向这些人陈述了一些占星学常用的描述，这些描述看起来很个性化，比如"你家里有人叫杰克"等。调查结果显示，大约 1/3 的人在左侧的膝盖上有一个疤，1/3 的人拥有亨德尔《水上音乐》的磁带或 CD，1/5 的人家里有人叫"杰克"，1/10 的人在前一晚的梦中见到了已经多年未谋面的人。许多巴纳姆式的描述看起来似乎都是正确的，这是因为大部分人的想法和行为都很容易被猜中。

此外，还有所谓的"谄媚效应"。大部分人更愿意相信让他们自己看起来更正面和更积极的事情，所以他们会认同自己还有很多未能得到发挥的潜力以及自己是喜欢独立思考的人之类的描述。这种效应解释了为什么会有大约50%的人对占星术深信不疑。从传统上来说，十二星座可以分为六个“正向”星座（白羊座、双子座、狮子座、天秤座、射手座和水瓶座）和六个“负向”星座（金牛座、巨蟹座、处女座、天蝎座、摩羯座和双鱼座）。通常来说，正向星座的相关特质听起来要比负向星座的相关特质更讨人喜欢。一般认为天秤座的人倾向于追求和平和美感，而金牛座的人更注重物质，也更容易不满。威斯康星大学的心理学家玛格丽特·汉密尔顿曾让人们提供他们的出生日期，并依据自己相信占星术的程度从0~7分中选一个分数。正如“谄媚效应”所预测的那样，很明显，相对于负向星座的人而言，正向星座的人更有可能相信占星术。

弗瑞尔及其追随者所做的研究表明，在过去的几千年里，星座已经欺骗了数以百万计的人。占星师完全可以信口雌黄，只要说的时候足够含糊其词，足够阿谀奉承，大多数人都会迫不及待地表示占星师的分析“非常准确”。因此说，并没有太多的科学证据可以用来支持占星术。既然如此，我们就很容易得出如下结论：事实上，一个人的出生日期跟真正的科学毫无关系。

没错，我们很容易得出上述推论，不过这种推论却是错误的。

时间和心理的科学研究

时间心理学是一门研究时间和心理的新学科，到目前为止还属于小众研究，也比较令人费解。该领域的大部分研究工作是与昼夜节律、轮班工作和时差息息相关的。

1962 年，法国的洞穴探险家和地质学家米歇尔·希弗瑞决定在暗无天日的地下待上两个月，以此来追踪冰河在地下洞穴中的移动情况。希弗瑞并没有百无聊赖地坐在那里记录测量数据，而是充分利用这段难得的地下独处时间，顺便做了一个独特的时间心理学实验。希弗瑞决定不带任何时钟进入洞穴，而是强迫自己完全依据自身的生理时钟决定作息时间。希弗瑞与外界的唯一联系方式就是一部电话，他可以直接打给地面上的研究团队。每当要睡觉和刚睡醒时，他都会打电话给研究团队。在清醒的时候他偶尔也会打几个电话。每当打电话的时候，地面上的研究人员都不会向他透露真实的时间。在地下 375 英尺（约 114 米）的洞穴里，希弗瑞伴着一顶小小的尼龙帐篷度过了 60 个不见天日的昼夜。电话记录显示，他判断时间的能力受到了严重的扭曲。到实验的最后阶段，他打电话给地面研究人员时还坚信自己一个小时前才打过电话，而事实上好几个小时已经过去了。两个月后，地面研究人员让希弗瑞离开了洞穴，当时他还坚持说实验肯定是提前结束了，在他看来，自己在地下才刚刚度过了 34 天而已。这项实验清楚地表明：月光的确有助于我们维持生理时钟的正常运转。

其他的时间心理学研究则致力于探索减少时差影响的方法，时差可能是现代人的生理时钟最常遇到、最为恼人的干扰了。20 世纪 90 年代末，康奈尔大学的斯科特·坎贝尔和帕特里夏·默菲做了一个用光线照射人的膝盖后面的实验，该实验成为这一领域最不寻常也最具争议性的研究之一。此前的研究表明，如果以光线照射人的双眼，可以欺骗大脑加速或减缓人体生理时钟的运转，因此可以借此减小时差所带来的影响。坎贝尔和默菲想要知道，人体的其他部位是不是也能够监测到类似的信号。由于膝盖的后面有很多靠近皮肤表层的血管，所以他们决定用特制的卤素灯照射这一区域来验证自己的假设。在一个小范围的研究中，他们发现了自己想要的证据：跟直射在眼睛上的光线一样，照射在膝盖后面的光线也具备改变生理时钟运转的能力。

那么，占星术的根本概念和这个有趣的科学研究又有什么关系呢？并不是所有的时间心理学研究都需要研究人员在洞穴里待上几个月，或者用光线照射膝盖的后面。这个颇令人费解的学科还有另外一个分支——有一小部分科学家正在研究生日可能对人们的思想和行为产生的微妙影响。

这个分支在行为科学中是很不寻常的，其背后所隐藏的概念已经因荷兰心理学家艾德·杜丁克的研究得到了近乎完美的诠释。杜丁克对近3000名英国职业足球运动员的生日进行了分析，结果发现在9月和11月之间出生的运动员数量几乎是6月和8月之间出生人数的两倍。看起来根据一个人的生日好像可以预测其在运动方面所能够取得的成就。有些人可能会把杜丁克的分析结果当成支持占星术的有力证据，他们宣称处女座、天秤座、天蝎座和射手座所对应的星象位置在塑造一流的运动员方面扮演着非常关键的角色。然而，杜丁克发现的奇妙分析结果还有一种更有趣、更切合实际的解释方法。

杜丁克的研究是在20世纪90年代早期进行的，在那个时候，英国的足球新秀要想参加职业足球赛，就必须在赛季开始的时候至少年满 17 周岁，而赛季的开始时间是在 8 月。也就是说，在 9 月和 11 月之间出生的潜在选手要比在 6 月和 8 月出生的选手大 10 个月左右，所以身体也更加成熟一些。足球是一个需要体力、耐力和速度的运动项目，这多出来的几个月时间无疑是一种有力的竞争优势。结果就是在 9 月和 11 月之间出生的新秀更有可能被选中参加职业足球比赛。

多年的研究已经提供了大量的证据，足以证明出生日期对于不同运动项目选手的潜在影响。不管赛季何时开始，出生月份在赛季开始的前几个月的选手在数量上都会占据优势。无论是美国职业棒球大联盟，还是英国的郡县板球赛，无论是加拿大的冰上曲棍球赛还是巴西的足球赛，运动员的出生月份都跟他们的比赛成绩密切相关。

这种时间心理学效应并不仅仅发生在职业运动员的身上，它们也会影响到另外一个因素，这个因素在每个人的生活中都扮演着重要的角色，这就是人们的运气。

天生幸运儿?

你经常得到幸运之神的垂青吗？还是常因运气不佳而扼腕叹息？为什么有些人总能在正确的时间出现在正确的地方，而另一些人却总是跟幸运之神擦肩而过？人们能不能改变自己的时运？大概在 10 年前，我决定通过研究运气心理学来回答这些有趣的问题。为此我已经跟 1000 多名幸运儿或者特别不幸的人携手合作过，这些人来自社会的各行各业。

幸运儿和不幸的人在人生历程中的差异非常明显，而且他们与幸运之神的关系还颇具连续性。幸运的人看起来总能够在合适的时间出现在正确的地方，幸运之神总是对他们宠爱有加，他们即便遇到危险也总能化险为夷。不幸的人则刚好相反。他们的生活好像就是由一连串的失败和绝望组成的，而且他们都深信这些不幸并不是由他们自己造成的。苏珊可以说是我的研究对象中最不幸的人之一，她是一名 34 岁的看护助理，来自英国的布莱克普尔。特别是在感情的道路上，苏珊一直走得磕磕绊绊。有一次她被安排与一名男子相亲，对方骑着摩托车赴约，却在路上发生了车祸，他的两条腿都摔断了。下一个相亲对象则是不小心撞到玻璃门上，把自己的鼻梁给撞断了。几年以后，她终于找到了结婚对象，可就在举行婚礼的前一天，他们所选的教堂被人一把火给烧了。除此之外，苏珊还遭遇了一系列令人跌破眼镜的意外。其中有一次她算是被厄运之魔给死死盯上了，在一段不到 50 英里（1 英里合 1.6093 千米）的旅程中，她就遭遇了 8 次车祸。

我很想知道人的运气好坏是不是偶然事件，或者是否可以用心理学来解释这些截然不同的人生历程。因此，我设计了一系列的实验来研究人的运气。其中有一次实验让我印象深刻，我给那些志愿者每人发了一张报纸，请他们仔细看过后告诉我里面共有几张照片。其实，我还在这张报纸上为他们准备了一个赚钱的机会，不过我并没有告诉他们。在报纸的中间部位，我用半版的篇幅和超大的字体写了这么一句话：“如果你告诉研究人员看到了这句话，就能为自己赢得 100 英镑！”那些运气不佳的人把心思完全花在了清点照片的数量上，所以并没有发现这个赚钱的机会。与此相反，那些幸运儿显得非常放松，所以看到了报纸中间的大字，从而为自己赢得了 100 英镑。这个简单的实验表明，幸运的人总能够把握意想不到的机会，从而为自己带来好运。

类似的实验结果告诉我们，那些志愿者的运气好坏在很多情况下是由他们的思想和行为所决定的。幸运的人通常乐观开朗，而且充满活力，所以容易接受新的机遇和经验。相反，不幸的人性格相对孤僻，而且反应不够敏捷，所以常常对人生感到不安，不太愿意充分利用摆在面前的大好机会。

最近，我在该领域还做了一些研究，同样跟时间心理学有关。俗话说，有些人生来就是幸运儿。我的研究目的就是探讨这句话是不是属实。这个项目其实源自我在 2004 年收到的一封古怪的电子邮件，发件人是瑞典于默奥大学医学院的捷安堤·乔泰教授。

捷安堤的大部分研究工作都是在探讨人们的出生日期跟其心理和生理健康之间的关系。在其中的一项研究中，他要求大约 2000 人完成一份调查问卷，借此来衡量他们自认为喜欢追求刺激的程度，然后查看问卷的得分是否跟人们的出生日期相关。追求新奇和刺激是我们人性的一个基本方面。喜欢寻求刺激的人无法容忍他们此前已经看过的电影，喜欢与他们捉摸不透的人相处，容易被登山和蹦极等具有较高风险的运动吸引。与此相反，不爱寻求刺激的人喜欢一遍又一遍地看同一部电影，感觉跟自己非常熟悉的老朋友相处非常舒服，而且不喜欢去他们从来没有去过的地方。捷安堤的研究结果显示，喜欢寻求刺激的人通常是在夏天出生的，而那些喜欢熟悉事物的人则更可能出生在冬季。

捷安堤在邮件中说，他看过我在性格和运气之间的关系上所做的研究，所以很想知道是不是真的有人天生就是幸运儿。这是一个很令人着迷的想法，因此我们俩决定联手对这个问题一探究竟。

捷安堤此前的研究表明，出生日期跟人的性格之间的确有一定的关系，但相关性并不是很大。为了找出这种微妙的联系，我们必须对数以千计的人进行研究才行。我们也知道要做到这一点并不容易。要知道，即便是找几百名学生参与研究都已经是困难重重了，而我们需要的是数千人，而且他们还要来自各行各业，否则我们就别想找到我们期望看到的蛛丝马迹。幸运的是，我们很快就找到了帮手。

苏格兰的爱丁堡国际科学节是世界上历史最为悠久的科学盛会之一，也是欧洲最大的科学节。如果能把我们的实验纳入科学节的活动之中，就很有可能吸引到我们所需的大批实验对象。科学节的主办单位给我们开了绿灯，我们在互联网上建了一个比较简单的网站，人们只要输入自己的出生日期，并回答一份我设计的标准调查问卷，我们就能够对他们的运气好坏进行评估。

进行大型的公开实验往往会是一件充满不确定性的事情。这种实验跟在实验室内进行的研究不同，你只有一次机会把它做好，而且你永远也无法知道人们是否愿意花时间参与其中，不过，我们的研究激起了人们的好奇心和强烈关注，并很快传遍了全球。网站正式上线才几小时，就已经有数百人前来访问。到了科学节接近尾声的时候，我们已经收到了 4 万多人提交的数据。

实验的结果相当明显。捷安堤已经发现夏天出生的人更乐于冒险。我们的实验结果也显示，与那些冬季（9 月到 2 月）出生的人相比，夏季（3 月到 8 月）出生的人也会觉得自己更幸运一些。在 12 个月份出生的人中，幸运度的自我评价曲线呈波浪状分布，其中 5 月最高，10 月最低（如下图所示）。只有 6 月与整体的分布形态不符，我们将其归因于统计偏差。

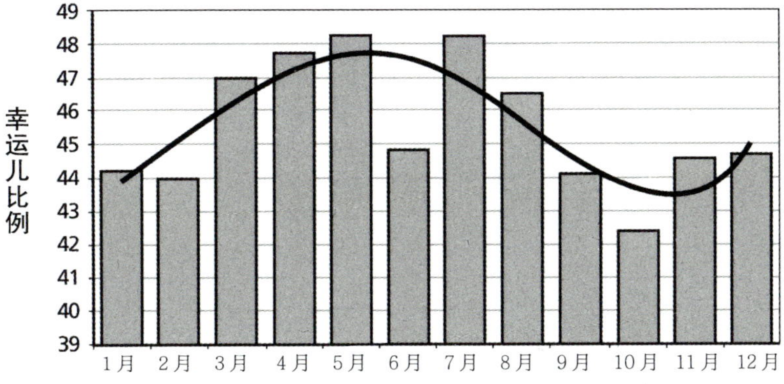

天生幸运儿实验结果：一年中的 12 个月中出生的幸运儿比例

这种现象的出现有很多种解释，其中大多跟冬天的环境温度比夏天低这个观点有关。可能是因为冬天出生的婴儿要面对更为严酷和恶劣的环境，所以会比夏天出生的婴儿与看护人的关系更为亲近，所以在生活中比较不喜欢冒险，运气相对来说也要差一些。也有可能是因为在严冬生产的女性摄取的食物不同于在夏季生产的女性，所以孩子的个性也会有所不同。无论是什么原因，这种效应从理论上来说还是很有趣的，它暗示着出生时的温度对于个性的发展有着深远而长久的影响。

不过，在接受任何与温度相关的解释之前，我们必须首先排除其他可能的影响机制。或许这种效应跟温度并没有任何关系，而是跟另外一种会随着月份不同发生变化的因素相关。支持占星术的人可能会说，天体活动会影响一个人的个性，夏季时行星和其他星辰的排列分布注定了会给新生儿带来好运。

要对各种不同的解释进行有效的评估只有一种方式，那就是到一个温度跟月份没有太大关系的地方重新做一次研究。如果跟温度相关的解释是正确的，那么在温度较高的月份出生的幸运儿在比例上应该还是会高一些。如果占星术给出的解释是正确的，那么 5 月、6 月、7 月就应该是新生儿的幸运月。

对于生活在南半球和北半球的人来说，温度和月份的关系刚好相反。在北半球，6 月是很炎热的，而 12 月是很寒冷的。在南半球，6 月却是严寒的冬季，而 12 月是烈日炎炎的夏季。正因如此，我决定到地球的另一端去重新做一次研究，看看到底是与温度相关的解释更有说服力，还是占星术就“天生幸运儿”给出的解释更为合理。

达尼丁市位于新西兰南岛的东南岸，这里每两年举办一次科学节。2006 年，我收到了新西兰科学节主办单位发来的电子邮件。他们已经得知我想在南半球重新进行一次“天生幸运儿”的实验，所以想知道我是否愿意在他们的科学节上再做一次研究。我当然非常乐意，所以很快就起程前往新西兰了。

我为第二次“天生幸运儿”实验重新设计了一个网站，新西兰和澳大利亚的媒体也都对该实验进行了广泛的报道，这非常有助于吸引人们访问我所设计的网站。在短短的几天时间内，就有 2000 多人提交了自己的出生日期，并给自己的人生幸运度打了分数。实验结果显示，与温度相关的解释占据了绝对上风。那些在南半球的夏季（9 月到 2 月）出生的人觉得自己要比在冬季（3 月到 8 月）出生的人幸运多了。这次实验得出的幸运度自我评价曲线也呈波浪状，不同的是幸运儿比例最高的月份变成了 12 月，比例最低的则是 4 月。

“天生幸运儿”之类的研究显示，出生月份的确会对人们的行为方式产生细微的影响。不过，也有一些研究人员研究过两者之间另外一种完全相反的效应。也就是说，人们的行为会如何影响他们对自己和他人真实生日的阐述。

逃税和撒谎神职人员的时间心理学

依据美国的税收制度，如果小孩在 12 月 31 日出生，那么家庭就可以享受此前 12 个月的税收优惠。但如果孩子出生于 1 月 1 日，就无法享受这种优惠。正因如此，如果孩子的预产期是在年底，那么父母就会受到财务动机的强烈驱使，希望孩子能够在 12 月 31 日的午夜前降临人世。虽然孩子的父母无法准确预知自然生产的日期，但他们可以通过催生或剖宫产的方式操控孩子的生日。

父母真的会仅仅为获得税收优惠就人为操控孩子的生日吗？为了找出答案，来自美国雪城大学的斯塔西·迪克特·康林和来自肯塔基大学的阿米塔·桑德拉分析了美国 1979—1993 年的出生记录。他们将研究的时间锁定为 12 月的最后 7 天和 1 月的前 7 天。结果发现，每年 12 月底的出生人数都会急剧上升，只有一年例外。

两位教授开始对手头的数据进行更为深入的探索，以便弄明白这种不寻常的状况是不是因孩子的父母贪图税收优惠而导致的。他们选出了 200 多名在元旦前后一周出生的新生儿，仔细分析每一个家庭的状况。他们针对每名新生儿算出两个数字——12 月出生的福利待遇和 1 月出生的福利待遇。结果显示，如果孩子出生在 12 月的最后一周而非 1 月的第一周，家庭就能够明显获得更多的收益。这就是问题的关键所在：统计数据提供了有力的证据，父母的确会为了获得财务收益而操纵孩子的出生日期。

当然了，还有更简单的方法可以操纵你的生日。这种方法根本就无须催生或者剖宫产，那就是撒谎！

美国演员露西尔·鲍尔曾说过一句名言：永葆青春的秘诀就在于“诚实地生活，慢慢地咀嚼以及谎报自己的年龄”。这一点鲍尔当然非常清楚，她的真实出生日期是 1911 年 8 月 6 日，但在整个演艺生涯中，她几乎一直宣称自己生于 1914 年。鲍尔当然不是唯一谎报自己年龄的好莱坞明星。南希·里根也宣称自己比实际年龄小两岁，她甚至在出版的自传中也使用了谎报的年龄。好莱坞喜剧明星格雷西·艾伦对自己的真实年龄更是守口如瓶，就连与她同台演出的丈夫乔治·伯恩斯也搞不清她的真实出生日期。虽然大家都知道艾伦生于 7 月 26 日，但具体的年份却有很多的版本，其中包括 1894 年、1895 年、1897 年、1902 年和 1906 年。终其一生，艾伦都宣称她的出生证明早已在 1906 年的旧金山大地震中被毁了，但事实上地震是在她对外宣称的出生日期之前的几个月发生的。当有人指出这个难以自圆其说的矛盾时，艾伦选择了转移话题："唉，那可真是一次可怕的大地震啊！"

明星玩这种小把戏的背后心理其实并不难理解。在这个重视青春和美貌的社会里，很多人都希望自己看起来比实际年龄小一些，这也没什么可大惊小怪的。但是，那些赫赫有名的上流人物会不会对自己的具体出生日期动手脚呢？也就是说，他们会不会刻意隐瞒自己到底是在哪一天出生的？

为了找出这个问题的答案，加州大学戴维斯分校的阿尔伯特·哈里森教授和他的同事们仔细研究了几本不同的《名人录》和《先贤录》中收集的 9000 多份传记资料，并记录了在美国众所周知的日期当天或前后 3 天出生的人数，其中包括美国国庆日（7 月 4 日）、圣诞节（12 月 25 日）和元旦（1 月 1 日）。如果仅就概率而言，在这些重要日子当天出生的名人比例应该和前后 3 天出生的名人比例大致相当。然而，哈里森他们得出的统计结果却不是这么回事，在美国国庆节、圣诞节或元旦出生的名人在数量上要明显多于这些重要节日前后 3 天中的任何一天。这种数量分布从概率上来说只有几百分之一，这就意味着有些名人向传记作者谎报了自己的生日，以便让自己与某个举国同庆的日子扯上关系。

哈里森认为这种效应源自一种不同寻常的心理现象，你可以将其称为“沾光”，但很多研究人员给它贴上了另外一个标签——“BIRG 效应”。

BIRG 效应在日常生活中也比较常见。我们经常听到人们无比自豪地说他们和某某名人上的是同一所学校，或者自己抢先一步观看了刚刚获得奥斯卡奖的影片（“猜猜昨天谁搭了我的出租车”）。这种效应甚至还对我们的日常用语产生了影响。心理学家曾偷偷研究过大学校园里的对话，结果发现当自己支持的球队在比赛中获胜或失利时，学生们的评论用语竟然有着巨大的差异。人们都迫不及待地想要沾沾获胜的球队的光（“我们赢了”），如果球队被打败了，他们则忙着跟失利这个事实保持距离（“他们输了”）。哈里森相信，那些富人和名人之所以谎报生日，无非也是想沾沾重大节日的光。某些广为人知的逸闻趣事也为这种诠释提供了支持性证据。闻名全球的爵士音乐家路易斯·阿姆斯特朗宣称自己生于 7 月 4 日。然而，音乐史学家泰德·琼斯研究了阿姆斯特朗的出生记录，结果发现其实他生于 8 月 4 日。哈里森教授的研究结果显示，阿姆斯特朗绝对不是唯一通过谎报生日往自己脸上贴金的名人。

为了进一步调查《名人录》和《先贤录》中的BIRG效应，哈里森和他的团队将研究的焦点集中到了显然跟其中一个重大节日最有联系的职业上，也就是神职人员和圣诞节。通过仔细浏览收集到的数据，他们将神职人员分为了两大类：主教或更高级别的神职人员被归类为“知名神职人员”，其他人则被归类为“不知名神职人员”。仅就概率而言，这两类神职人员在圣诞节出生的概率应该是相当的。但事实上，宣称生日与耶稣相同的知名神职人员在数量上要远远多于不知名神职人员。或许这也支持了一种常见的想法：神职人员的职位越高，就会越觉得自己需要跟上帝走得更近一些。

当然了，也有可能是我们对哈里森分析中涉及的知名神职人员过于苛刻了一些。有些父母会为了节约几美元而谎报子女的出生日期，同样的道理，还有些人之所以谎报孩子的生日，或许只是希望好日子能够给孩子带来好运，让孩子能够出人头地。在现代社会中，孩子大多数是在医院出生的，要想谎报生日可能会比较困难。但在过去，父母们是通过口头方式向户籍管理部门报孩子的户口，所以撒个谎是很容易的事情。知名推理作家乔治·西默农的母亲就坦然承认谎报了西默农的生日。西默农的真实出生日期是1903年的2月13日，正逢周五，她母亲觉得对于自己心爱的小宝贝来说，“黑色星期五”这个日子所寓意的命运肯定是太残酷了，因此她在给西默农报户口的时候就将其生日提前了一天。如果这种诠释方法可以成立的话，我们所得出的“高级别神职人员更可能撒谎”的推论就不正确了。很显然，更具欺骗性的并不是这些知名的神职人员，而是他们的父母。《圣经》里有“父罪子担”的说法，或许这正是能够为此说法提供支持的少数实证之一。

现在，有些研究人员相信，父母撒谎或许有助于解开在过去的数十年中一直困扰着科学家的一个谜团，也就是所谓的“火星效应”。

火星效应

法国研究人员米歇尔·高奎林曾把依据杀人魔头的详细出生资料得出的星座分析报告寄给普通大众，除此之外，他还对占星术的很多方面进行过测验。依据古老的星座传说，如果出生的时候某些行星高悬苍穹的话，就是一个很好的兆头，在此时此刻出生的人在今后的职业生涯中将会变得出类拔萃。20 世纪 50 年代，高奎林开始研究这种说法的准确性。一部著名的 19 世纪法国传记辞典中收录了 1.6 万人的传记，高奎林据此绘出了这些人出生时的星图。结果他惊讶地发现，在这些人出生的时候，某些行星的确更有可能高悬于天际。这些证据后来被称为“火星效应”，就连对占星术持绝对怀疑态度的思想家也为此困惑了 50 多年。一位研究人员对此评论说：“即便说一切都以此为准可能也不为过。”汉斯·艾森克也指出：“相对而言，如果这个结果涉及任何造假行为，那么支持占星术的正面证据就相对减弱了。”到了 2002 年，研究过“时间双胞胎”现象的杰弗瑞·迪恩做了一项令人瞩目的科学研究。

在 19 世纪的时候，很多法国上流社会的人都对占星术深信不疑，他们会阅读流行的历书，并时刻关注着行星在一天中的确切位置。此外，父母还是通过口头方式向当地的户籍管理部门上报孩子的出生时间和日期，而不是由医生和助产护士精确记录并正式上报。迪恩在研究中发现了一些证据，这些证据暗示有些父母迫切希望自己的孩子能够在生活中出人头地，所以会刻意谎报孩子的出生日期，目的无非是让孩子降临人世这件大事从占星术上看起来有个好兆头。随后，这些家长会让孩子接受必要的教育并为他们提供其他所需的资源，从而促使这些上天注定的“占星预言”自然而然地成为不争的事实。简而言之，迪恩的研究结果显示，火星效应可能跟占星术没有什么联系，但与相对古怪的社会史息息相关。

到目前为止，我们已经探讨过人们是如何操纵自己的生日的，我们也探讨了他们为什么要这么做。然而，时间心理学还有一个更为古怪的层面，也就是对一个更为可怕的话题的研究——出生日期与死亡日期之间的关系。

死神与时间心理学

加州大学圣迭戈分校的社会学家大卫·菲利普斯是一个对死亡特别

着迷的人。多数医学研究人员关心的是人为什么会死，但菲利普斯不同，他更关心人什么时候死。具体一点儿来说，他特别想知道人们能不能为了等到一个至关重要的时刻而拖延自己的死亡时间。1970 年，他发表了自己的博士论文，论文的题目看起来非常古怪——“作为一种社会行为呈现形式的死亡”。从那时起，他便将这个话题当成了自己毕生的研究方向。

有一种观点认为，人们有足够的能力对自己的身体加以控制，从而将死亡延后一小段时间，这段时间对于他们至关重要，虽然事实上延后的时间非常有限，但看起来足以让他们经历一个重要的社会或个人事件。菲利普斯对这种观点充满了浓厚的兴趣。而且很显然有一些传闻逸事为这种观点提供了有力的支持性证据。创作了“史努比”系列漫画的漫画家查尔斯·舒尔茨身价高达数百万，他就是在自己的最后一本漫画正式出版的前夕死去的，最后一幅漫画中含有舒尔茨亲笔签名的道别信。此外，至少有三位美国总统是在 7 月 4 日告别人世的，其中包括约翰·亚当斯、托马斯·杰弗逊和詹姆斯·门罗，他们很可能是硬撑到美国国庆日才撒手人寰的。

在一项研究中，菲利普斯调查了人们是不是更有可能在全国性的节日后过世。研究圣诞节前后的死亡率似乎没有什么意义，这是因为死亡人数的突然上升完全可能是 12 月的气温骤然下降造成的。菲利普斯并没有试图说服全国人民改在其他某个随机确定的月份庆祝圣诞节，而是转而寻找一个每年过节时间都不相同的全国性节日，结果他找到了中国的中秋节。在中秋节的时候，家中年长的妇女会指挥女儿们准备丰盛的饭菜，从阳历来看，每年过节的时间并不固定。菲利普斯研究了中秋节前后中国的死亡记录，结果发现，在节前一周中国人的死亡率下降了 35%，但在节后一周又上升了 35%。

菲利普斯做过很多大型的研究项目，其中之一就是调查人们的出生日期会不会影响他们的死亡日期。为此，他分析了 1969 年到 1990 年期间多达 300 万加州居民的死亡证明。结果发现，在一年的所有时间里，女性更有可能在自己生日后的一周内去世。相对而言，男性在生日前一周去世的概率要远远高于一年中的任何其他时间。菲利普斯认为，这可能是因为女性倾向于把生日看作一次庆典，所以总会期盼生日的到来；而男性更倾向于将生日作为回顾人生历程的时刻，他们会在生日临近的时候发现自己取得的成就其实非常有限，进而感受到巨大的生活压力，所以死亡的可能性就大大增加了。在菲利普斯看来，这些研究证明死亡日期其实和季节波动、谎报死亡证明的信息、推迟生命攸关的重大手术，以及自杀都没有什么关系。相反，这些发现证明了前面提到的观点：有些人的确有能力运用意志延缓或加速自己的死亡时间。

菲利普斯的这个观点引起了极大的争议和许多激烈的辩论。有些研究人员成功再现了菲利普斯及其研究团队的研究成果，另外一些研究人员或者未能得出同样的结果，或者激烈抨击菲利普斯所用的研究方法。不过，心理因素能够影响身体健康的观点得到了其他研究成果的支持。研究显示，乐观和人的健康是密切相关的。举例来说，1996 年，一群研究人员开始调查200名芬兰人的健康思维与长寿之间的关系。研究人员把这些人分成了3组：悲观组的人觉得未来是非常渺茫的；乐观组的人对未来抱有较高的期望；而中立组的人对未来的预期并没有特别积极，也没有特别消极。随后他们对这3组人进行了为期6年的追踪研究，结果发现，悲观组的人比中立组的人更有可能死于癌症、心血管疾病和意外事故。相反，乐观组的死亡率比其他两组人都低很多。

其实，并非只有菲利普斯一个人在研究能够影响人们与死神会面确切时间的奇怪因素。1993年，《经济学与统计学评论》上发表了一篇文章，探讨了纳税义务是否会决定一个人的死亡日期。该文结合了菲利普斯奠基性的死亡研究方法和父母为获得减免税款而操纵子女生日的可能性（前文已有所阐述）。在这篇论文中，来自英属哥伦比亚大学的沃依切赫·科波兹科和密歇根大学的乔尔·斯莱姆罗德想知道人们会不会选择在最有利于后代获得遗产税优惠的时刻告别人生。

为了弄清楚事实是否如此，他们分析了美国的税收政策发生重大变革期间的死亡形态。从1916年颁布第一部税法至今，美国的税法共经历了13次大的改动。其中8次是提高税率，5次是降低税率。在媒体发布税法改革消息到新的税法正式实施期间大概有一周的时间。通过分析税法改革前后两周上报的死亡记录，研究人员发现了一些确凿的证据，这些证据明确无误地表明：在税率正式提高之前，死亡率会上升；在税率正式降低之后，死亡率会下降。正如论文的标题所言，有些人可能真的会“死也要节税”。

然而，这并不是他们所收集数据的唯一合理解释。死亡资料通常来说都是由可能继承遗产的亲属上报的，如果税收义务得以减少，他们肯定能从中受益。所以，这种情况也有可能证明，人们会谎报富有亲属的真实死亡时间，当然还有更糟糕的情况，那就是他们被谋杀的真实时间。

怪

诞

心

理

学

QUIRKOLOGY:

the curious science of everyday lives

第2章
相信别人，不过别忘了切牌
——撒谎与欺骗心理学

好莱坞明星莱斯利·尼尔森的谎言实验。

刚砍下的头与人类微笑之间的关联。

里根总统与虚构的故事。

神奇的Q测试结果。

人类易受暗示影响的阴暗面。

在我 8 岁的时候，经历了一件神奇的事，从此改变了我的一生。

爷爷给了我一支记号笔，让我把自己的姓名首字母写在一枚硬币上。随后，他郑重其事地把硬币放在掌心里，合上手掌，轻轻地朝手指吹了一口气。等他把手再次张开的时候，我发现那枚硬币已经神奇地消失了。接下来，他从自己的口袋里掏出了一个小锡盒，盒子是用几条塑料胶带密封着的。爷爷把这个看起来怪怪的小盒子递到了我的手上，告诉我拆掉上面的胶带，然后把盒子打开。我照他说的去做了，发现盒子里放着一个用丝绒做成的红色小包。我小心翼翼地打开了这个小包，想知道里面到底是什么东西。我简直不敢相信自己的眼睛，我签过名的那枚硬币正完好无损地躺在里面呢。

爷爷玩的这个小把戏激起了我对魔术的兴趣，并影响了我的整个人生。到了十几岁的时候，我已经成了世界知名的魔术俱乐部“魔术圈”最年轻的会员之一。二十几岁的时候，我成了一名职业魔术师，经常在伦敦西区最流行的餐厅表演纸牌魔术。有时候，我也会让一枚签好名字的硬币消失，然后又让它出现在一个小锡盒里面的布袋里。每晚骗人两次的魔术表演让我产生了强烈的好奇心：人们为什么会上当受骗呢？这促使我去攻读了心理学学位。20 年过去了，我依然未能摆脱对欺骗心理学的迷恋之情。

多年来，我已经学会了如何通过说谎者发出的各种信号揭开欺骗背后的真相，也知道了虚假的微笑和发自内心的微笑之间有何不同，以及如何欺骗人们让他们相信曾经历过根本就不曾发生的事情。

现在，就让我们踏上探访这个阴暗诡秘世界的旅程吧。我们首先关注的就是针对生物进化过程中的欺骗行为展开的罕见研究。你读到的将会是一个奇怪的故事，里面涉及甩鼻子的大象、会交谈的大猩猩以及偷偷回头窥视自己喜欢的玩具的孩子。

大象骗术、会交谈的大猩猩和说谎的孩子

几年前，当动物研究人员麦辛恩·莫里斯在华盛顿公园的动物园里观察一群亚洲象的时候，他发现了一些古怪的行为。

进食时间一到，饲养员就会给每头大象一大捆干草。莫里斯注意到有那么几头大象会迅速吃完自己的那份干草，然后悄悄地走到那些吃得

比较慢的同伴身边，开始漫不经心地摇晃鼻子。对于不知情的人来说，这些大象看起来只不过是在消磨时间罢了。然而，经过长期的仔细观察，莫里斯发现这种看似无辜的行为隐瞒了一个欺骗的意图。一旦晃动鼻子的大象距离另外一头大象足够近，它们就会迅速地卷起一些对方没吃完的干草，以最快的速度吞进自己的肚子里。众所周知，大象是高度近视的动物，所以那些吃得比较慢的同伴通常对这种偷窃行为一无所知。

有人或许会将这种晃动鼻子偷吃干草的举动看作精心策划后实施的欺骗行为，是大象版本的"瞒天过海"。然而，这可能仅仅是我们一厢情愿的想法。有时候我们会跟自己的电脑或者汽车对话，好像它们通人性一样。因此，在看待四条腿的大象时，我们会下意识地采用拟人化的思维。那些看起来颇有心计的大象很可能只是偶尔发现了偷吃干草和晃动鼻子之间的关系。由于能够额外得到自己喜欢的干草，所以它们就开始重复这个动作，很可能它们并没有想刻意这么做。当然，要想搞清楚到底是怎么一回事，就必须确切地知道大象的脑子里在想什么。遗憾的是，大象并不能像人一样描述自己内心深处的想法和感受。不过，也有一个好消息。有些研究人员认为，虽然大象做不到这一点，但在进化过程中与人类最为接近的"祖先们"却已经做到了。

20 世纪 70 年代，会聊天的大猩猩一下子成了人们谈论的焦点。作为探究跨物种沟通大型研究项目的一个组成部分，来自斯坦福大学的发展心理学家弗朗西·帕特森开始尝试教授两只低地大猩猩使用简单的美式手语。这两只大猩猩分别叫迈克尔和可可。在帕特森看来，大猩猩完全有可能与人进行有意义的沟通，你甚至可以跟它们谈论比较复杂的话题，比如说爱情和死亡。大猩猩的内心世界在很多方面都跟人类非常相似。比如说，迈克尔喜欢观看儿童节目《芝麻街》，而可可更喜欢《罗杰斯先生的邻居》。1998 年，可可作为嘉宾参加了自己最喜欢的真人秀节目的拍摄，在其中帮助教育小朋友们“看人不能只看外表，还要看内涵”。迈克尔喜欢绘画，而且已经完成了很多绘画作品，其中包括他的自画像和几幅静物写生。他的作品很受人们欢迎，并且已经在很多展览馆展出过。公众对于可可同样并不陌生，她已经出演过好几部电影。迈克尔·克莱顿的畅销书《刚果惊魂》中会说话的大猩猩艾米的创作灵感也是来自可可。可可还在自己的网站宣传片中担当了主角（通过她的沟通技巧募集善款），并在 1998 年参与了有史以来的第一次跨物种网络聊天。对话是在访问者、可可和帕特森教授之间展开的，公开的对话内容显示，要了解大猩猩的只言片语的确还有些困难。

访问者：现在，我们来看看听众都有哪些问题。第一个问题是，可可，将来你会生宝宝吗？

可可：粉红色。

帕特森：我们在今天的早些时候已经谈论过颜色了。

可可：听着，可可喜欢吃东西。

访问者：我也喜欢！

帕特森：那么宝宝呢？她在想……

可可：心不在焉。

帕特森：她用双手遮住了自己的脸……这意味着基本上不会发生，或者说事情还没有发生。

虽然沟通起来还存在困难，但负责训练迈克尔和可可的驯兽师相信，他们已经发现了一些蛛丝马迹，能够证明这两个毛茸茸的大家伙掌握了撒谎的小伎俩。有一次，可可弄坏了一只玩具猫，然后却用手势表示是其中的一名驯兽师弄坏的。还有一次，迈克尔把一名驯兽师的夹克给撕坏了，当驯兽师质问他谁应该对此负责时，他借助手势直接将责任推到了可可身上。驯兽师对他的回答表示怀疑，于是迈克尔表示其实犯错误的是帕特森教授。在驯兽师的再三追问下，迈克尔终于露出了尴尬的表情（对于一只大猩猩来说这可不太容易），放弃抵抗，全盘招供。大象偷吃干草的行为完全是观察的结果，但大猩猩撒谎看起来很可能是刻意为之，他们那明显的沟通技能为此提供了有力的证据。

那么，大猩猩是否具备与人交谈和撒谎的能力呢？针对这个话题，研究人员展开了激烈的争论。持肯定观点者声称，很显然，迈克尔和可可能够表达自己内心深处的想法和感受，他们在“是谁撕坏了夹克”“是她干的”这些场景中表现出来的行为充分证明了他们的欺骗之举是有预谋的。持怀疑观点者则反驳说，大猩猩的举动可能只是一些随机的行为，驯兽师在解读这些行为时显然是操之过急了。至于撒谎之举，可能也只是一种机械的重复，因为此前大猩猩很可能因做出这些举动而摆脱了麻烦。大猩猩的这些行为其实跟偷吃干草的大象没什么区别，要想真正了解这些行为背后隐藏的秘密也几乎是不可能的。

既然要弄清楚大象和大猩猩是否具备撒谎的能力绝非易事，其他一些研究人员就将研究目标转到了另外一个更合适的群体上，也就是孩子。

在探究孩子撒谎行为的实验中，最著名的就是要求小孩子不要偷看他们喜欢的玩具。在这些研究中，一个小孩子会被领进实验室，研究人员要求他面朝墙壁站好，然后说会在他身后几英尺的地方放一个很好玩的玩具。把玩具放好后，研究人员会对孩子说他必须离开实验室一会儿，并要求孩子不要回头偷看摆好的玩具。在接下来的几分钟里，隐藏的摄像机会拍下孩子的一切举动。随后，研究人员回到实验室，然后问孩子是否偷看了。结果表明，在已满 3 周岁的孩子中，大约有一半的人会对研究人员撒谎。如果把年龄段提高到 5 岁，那么所有的孩子都会偷看，而且全部都会撒谎。实验结果清楚无误地表明，从我们学会说话的那一刻起，我们就已经学会撒谎了。还有一点看起来更令人惊奇，当孩子的父母看到孩子否认偷看玩具的录像时，他们竟然无法分辨自己的孩子说的是真话还是谎言。

我的工作原则就是永远不跟孩子或动物共事，所以在研究欺骗心理时，我关注的焦点是成人。

谎言

谎言曾经改变了世界历史的进程。就在第二次世界大战一触即发的紧急时刻，张伯伦和阿道夫 · 希特勒于 1938 年 9 月在慕尼黑会面，商讨“和平”解决德国和捷克之间的紧张局势。张伯伦万万没有想到，希特勒撒了一个弥天大谎。希特勒暗地里积极准备侵占捷克，因此迫切地希望能够阻止捷克集结强大的抵抗力量。这位元首信誓旦旦地向张伯伦保证，他绝对没有袭击捷克的想法，英国首相相信了他的话。会面结束几天后，张伯伦给他的妹妹写了一封信，在信中他是这样描述希特勒的："当他做出承诺的时候，你就知道这是一个值得信赖的人。"张伯伦确信希特勒说的都是实话，所以力劝捷克不要动员军队，否则可能会被德国视作具有攻击性的举动。张伯伦万万没有想到，不久之后德国就向捷克发动了闪电战，很快击垮了准备不足的捷克军队，并由此引发了席卷全球的第二次世界大战。如果张伯伦在那次决定性的会面中能够识破希特勒的谎言，当今的世界可能就完全是另外一副样子了。

世界领导人当然不是唯一的说谎者和受骗者。我们中的每一个人都会受到谎言的影响。几年前，我跟《每日电讯报》合作，在全国范围内展开了一场有关谎言的调查。在所有的反馈中，只有 8% 的人号称从来没有撒过谎，虽然调查采用了匿名方式，但我依然怀疑这 8% 的人中大部分都没有说实话。还有一项调查是让人们在为期两周的时间里详细记录每天的谈话内容，而且不能遗漏自己说过的每一句谎言。结果显示：大部分人在一天的时间里会说两次大的谎，1/3 的谈话都会含有某种形式的欺骗，80% 的谎言没有被揭穿，超过 80% 的人会为了获得一份工作而撒谎（大部分人说他们觉得雇主并不希望求职者坦言自己的背景和经历），此外，超过 60% 的人至少有一次对他们的伴侣不忠。

你是不是一个撒谎高手呢？很多人可能觉得自己比较善于撒谎，不过，事实上人们在蒙蔽他人的技能上存在着天壤之别。通过一个简单的测试，你就能大概知道自己的撒谎能力如何了。事实上，你已经做过这个测试了。

在本书最开始的部分，我已经让大家在额头上画了一个 Q（怪诞心理学的英文首字母）。如果当时你没有做，那么请现在就做一下。抬起你平常用来写字的那只手，然后用食指在前额上画一个大写字母 Q。有些人画的 Q 只有自己能够看到，也就是说，Q 的小尾巴是朝向右手侧的。另外一些人画的 Q 则只有他们对面的人才能够看到，也就是说，Q 的小尾巴朝向左手侧。这个小测验能够大体衡量一个人的“自我监控”能力。自我监控能力强的人倾向于让他们对面的人看到自己画的是一个 Q。而自我监控能力弱的人则会关注于让自己看到画的是一个 Q。那么，这种自我监控能力跟撒谎又有什么关系呢？事实上，自我监控能力强的人比较注重别人怎么看他们，他们喜欢成为众人瞩目的焦点，能够很快让自己的行为适应所处的环境，并且很善于操控别人看待他们的方式。因此，他们更有可能成为撒谎高手。相反，自我监控能力弱的人即便是在不同的环境中看起来也还是“同一个人”。他们的行为在更多的情况下是由他们内心深处的感受和价值观所左右的，他们并不太在意自己的行为会给周围的人造成什么影响。因此，这种人在生活中不太会撒谎，也不太可能欺骗他人。

在过去的很多年里，我对很多人做过这个测试。随着时间的流逝，我有了一个新的发现。有那么一小群人，一听到这个测试是干什么的，就马上说服自己改变内心深处的想法，直接把 Q 的小尾巴撇到相反的方向。这些人可以对摆在自己面前的证据视而不见，并扭曲事实，强迫自己变成他们想要成为的人。因此说，这个小测验也大概能够衡量出你是否善于欺骗自己和欺骗他人。

研究欺骗心理的大部分工作都未将关注的焦点放在善于和不善于说谎者的类型上。相反，这些研究更为关注检测谎言的艺术和科学。那么，人们真的能够检测谎言吗？有哪些征兆会让谎言泄密呢？有没有可能教会人们成为更高明的测谎者？

1994 年，刚到赫特福德大学任职不久，我就收到了一份群发给英国各地学者的电子邮件。邮件中说即将举办全国性的科技庆祝活动，该活动的持续时间长达一周，所以能够为学者们提供需要公众参与的大规模实验所需的各种资源。被选中的实验项目将会在英国广播公司的王牌科技类节目《明日世界》上直播，观众人数将会是百万级的。邮件的结尾说欢迎学者们贡献自己的好点子。我觉得借此机会测试全国的测谎技巧肯定非常有趣，所以建议请几位政客到电视节目中说谎或说真话，并让公众判断到底哪些是谎言。在我看来，通过这种方式就有可能科学地判断出哪个政党内有天才的说谎家。几周后，我高兴地得知我的提议竟然被选中了，于是开始细化和完善研究方案。

打了一大通电话后，我终于明白了，没有政客愿意参与这个实验，因为他们都是可怕的说谎家（他们的话根本就没人相信）。于是我们开始寻找最佳的替代人选，最后决定向政治类电视访谈节目的主持人罗宾·代伊爵士发出邀请。罗宾爵士在英国广播公司的地位就像沃尔特·克朗凯特在哥伦比亚广播公司的地位一样。在对那些政客进行访问时，他提问的风格完全可以用咄咄逼人来形容。他也因此成为英国电视节目中最受观众信赖的人之一，并为自己赢得了“大审判官”的美誉。罗宾爵士欣然接受了邀请，这无疑让我们非常高兴。

实验的设计很简单。我会对罗宾爵士进行两次访谈，每一次都会请他描述一下自己最喜欢的电影。在其中的一次访谈中，他说的每一句话代表的都是他最真实的想法。而在另外一次访谈中，他的描述将会谎话连篇。随后我们会在电视上播出这两次访谈，看看公众能不能分辨出罗宾爵士在哪次访谈中撒谎了。

为了做好这个项目，英国广播公司派出了天才的年轻导演西蒙·辛格。西蒙后来写过几本畅销的科学图书，其中包括《费玛最后定律》和《密码书》。我们两个人后来合作过很多不同的项目，但第一次谋面是在伦敦一家大饭店的大堂里，目的就是探讨如何拍好罗宾爵士的“真话”和“谎言”访谈。摄像机刚架好不久，门就被推开了，罗宾爵士走了进来。要认出他来一点儿都不难，只要看看那标志性的粗框眼镜和彩色领结就可以了。在摄像机前坐好后，他看起来竟然略显紧张，以前可能都是他向别人提出问题，这次却轮到他来回答提问了。我们开始了第一个访谈，我请他描述一下自己最喜欢的电影。他回答说自己最喜欢看克拉克·盖博主演的《乱世佳人》。

理查德·怀斯曼：那么，罗宾爵士，你最喜欢的电影是什么？

罗宾爵士：《乱世佳人》。

理查德·怀斯曼：为什么呢？

罗宾爵士：哦，这部电影很经典。演员都很了不起。一流的电影明星——克拉克·盖博；一流的女主角——费雯·丽。很感人。

理查德·怀斯曼：你最喜欢里面的哪个人物呢？

罗宾爵士：哦，盖博。

理查德·怀斯曼：这个电影你已经看过几遍了？

罗宾爵士：嗯……（停顿）我想得有6遍了吧。

理查德·怀斯曼：你第一次看到这部电影是在什么时候？

罗宾爵士：电影刚上映的时候，我想应该是1939年。

等他回答完后，我又把问题重复了一遍，这一次，他说自己是玛丽莲·梦露的铁杆影迷，最喜欢她主演的《热情如火》。

理查德·怀斯曼：那么，罗宾爵士，你最喜欢的电影是什么？

罗宾爵士：嗯……（停顿）哦，《热情如火》。

理查德·怀斯曼：为什么喜欢这部电影呢？

罗宾爵士：哈，因为我每次看这部电影的时候都觉得它非常搞笑。电影里面有很多我喜欢的东西。每看一次，我对这些东西的好感都会增加几分。

理查德·怀斯曼：你最喜欢里面的哪个人物呢？

罗宾爵士：哦，我想是托尼·柯蒂斯，他简直太帅了……（短暂的停顿）而且他很聪明。他模仿加里·格兰特真的很像，他试图抵挡玛丽莲·梦露的诱惑，他采取的抵挡方式太有趣了。

理查德·怀斯曼：你第一次看到这部电影是在什么时候？

罗宾爵士：电影刚上映的时候。具体时间我记不清了。

那么，你们觉得罗宾爵士在哪一次访谈中说谎了？

几周后，实验在《明日世界》的直播中全面展开。在节目的一开始，我们就播放了两次访谈的画面，然后请电视机前的观众判断哪一次访谈中包含谎言，观众可以通过拨打电视台提供的两个电话号码进行投票。此类的尝试还是有史以来的第一次，西蒙和我根本不知道会不会有观众打电话参与这样的科学实验。事实证明，我们的担心完全是多余的。在仅仅几分钟的时间里，就有 3 万多人参与了电话投票。

投票通道关闭后，我们立即着手分析实验结果。52% 的观众认为罗宾爵士并不喜欢《乱世佳人》，另外 48% 的观众则认为他在回答有关《热情如火》的问题时撒谎了。随后，我们为观众播放了一小段视频。我在剪辑中问罗宾爵士他是否真的很喜欢《乱世佳人》。他的回答可谓言简意赅，直指要害："天哪！我当然不喜欢！那是我看过的最无聊的电影。每次看我都会睡着。"在节目的最后，我们公布了调查的结果，并做了必要的解释：在揭穿谎言的时候，公众所掌握的技巧其实比随意猜测好不了多少。

当然，我们也可以说罗宾爵士是一个技巧高超的说谎者，在日常生活中，人们会更容易察觉谎言。为了验证这一点，需要进行大量的实验，要找到很多不同类型的人针对广泛的主题说谎和说真话。这的确是一项巨大的工程，但在过去的大约 30 年时间里，有一小部分高度专注于此的心理学家一直都在这么做。他们找人参观艺术展，并谎称自己喜欢某些绘画作品；找人窃取别人的钱包，并拒绝承认有偷窃行为；找人推销他们其实并不喜欢的产品；找人看描述截肢的电影，同时尝试让别人相信他们正在看令人心旷神怡的沙滩景致。他们研究了各种人群的撒谎行为，其中包括推销员、购物者、学生、吸食毒品的瘾君子，以及罪犯。我在该领域的实验是让人们看录像带，录像带中的主角为谋杀案的凶手并上诉无罪，后来才坦承犯下罪行。

实验的结果非常一致：如果想要察觉谎言，或许掷硬币决定还比较简单。无论男女老幼，很少有人能够准确地察觉谎言。调查结果还显示，我们甚至无法分辨自己的另一半是否在说谎。在一系列探究爱情欺骗的实验中，我们让一位已结婚多年的人看一连串的幻灯片，幻灯片上是一个非常迷人的异性，然后要求他／她尝试让自己的另一半相信他／她觉得那位迷人的异性其实没有什么吸引力。结果发现，很多相处良久的伴侣也很难发现自己的另一半正在撒谎。有些研究人员相信，很多结婚多年的夫妇之所以能够长期厮守，最根本的原因就在于他们彼此无法识破对方的谎言。

普通大众并不需要为自己无法察觉谎言而忧心忡忡。毕竟，每个人的情况其实都差不多。加州大学旧金山分校的心理学家保罗·艾克曼做过一项研究，他让不同的专家组观看说谎者和说实话者的录像带，并请他们确定谁是说谎者。这些专家包括测谎仪操控人员、抢劫案的调查人员、法官和精神科医师。虽然他们都尽了最大的努力，但没有任何一组人员的表现比胡乱猜测的结果更准确。

那么，人们为什么无法准确地察觉谎言呢？来自得克萨斯基督教大学的心理学家查尔斯·邦德教授所从事的研究为我们提供了问题的答案。邦德调查过与说谎有关的各种行为。和其他心理学研究不同，他并没有去找几百名美国大学生在设定好的表格上做选择题。相反，他对来自 60 多个国家的数千人进行了调查，要求他们描述如何分辨别人是否在说谎。人们的回答竟然惊人地一致。从阿尔及利亚到阿根廷，从德国到加纳，从巴基斯坦到巴拉圭，几乎每个人都认为说谎者倾向于避免目光接触，会紧张地挥手，而且在座位上会坐立不安。

然而，这里却存在一个小问题。研究人员曾经花费数小时，仔细对比说谎者和说真话者的录像带。这项工作需要经过特别训练的观察人员，他们会长时间坐在电脑前，一遍又一遍地观看已经数字化的视频。每次放映的时候，观察者都会仔细寻找特殊的行为，比如微笑、眨眼或手势。每次看到想要寻找的行为后，他们都会按下一个按钮，而电脑会因此记下他们的反应。通常来说，一分钟的视频需要花费一个小时左右进行分析，得出的数据有助于研究人员对比与谎言和实话相关的行为，并因此找出哪怕是最细微的差别。调查的结果一目了然，说谎者和说真话的人一样，他们也会正视着你，并不会紧张地挥手，而且也不会在座位上坐立不安（如果说有区别的话，那就是他们要比说真话者更为沉静）。人们之所以无法察觉谎言，是因为他们将自己对各种行为的看法当作了评判的基础，但这些行为其实与欺骗无关。

那么，到底有哪些迹象能够揭示谎言呢？为了回答这个问题，研究人员仔细研究了说谎者和说真话者在行为方面的可靠差异。结果看起来在于我们的遣词造句和表达方式。在说谎的时候，你给出的信息越多，就越有可能自找麻烦。所以说谎者的话一般没有说真话者的那么多，而且提供的细节也相对较少。让我们回过头去，再看一下罗宾爵士的访谈记录。在谈论《乱世佳人》的时候，他用到的英语单词大约是 40 个，而在谈论《热情如火》时使用的词汇量几乎是前者的两倍。现在，让我们再看一看两次访谈中提到的细节。在每一次访谈中，他对电影的描述可谓是泛泛之谈。他只提到电影很经典、演员都很了不起。但在说真话的时候，他提到的细微之处则明显多于前者，他描述了托尼·柯蒂斯试图抵挡玛丽莲·梦露诱惑的场景。

在谎言的遣词造句方面，上面提到的只能算是冰山一角。说谎者通常会从心理上与谎言保持距离，所以在说话的时候很少提到自己或个人感受。罗宾爵士的例子再次提供了很好的证据。当他说谎的时候，他只有两次使用了表示“我”的英文单词“I”，但在说真话的时候却用了七次。在整个有关《乱世佳人》的访谈中，罗宾爵士只有一次提到了自己的感受（“很感人”），但在谈论《热情如火》的时候却多次阐述了自己的感觉（“每看一次，我对这些东西的好感都会增加几分”“有很多我喜欢的东西”“……柯蒂斯，他简直太帅了……而且他很聪明”）。

此外还有遗忘的问题。如果有人向你提了一连串的问题，问你上周都做了什么。你很可能已经不记得很多琐碎的细节了，如果你是一个诚实的人，肯定会坦言自己已经忘记了，但说谎者却不会这么做。当说到并不是那么重要的信息时，他们似乎都具备了超强的记忆力，而且通常都会“想起”哪怕是最细枝末节之处。相反，说真话者知道他们自己忘记了某些细节，而且也乐于承认这一点。罗宾爵士的访谈就是一个明证。在两次访谈中，他只有一次承认自己不记得某个细节了，也就是在有关《热情如火》的真实访谈中，他说第一次看这部电影的“具体时间我记不清了”。

研究人员还不确定为什么肢体语言常会造成误导，而说谎时的遣词造句却能够让谎言泄密。有一种理论认为，目光接触和手势都是比较容易控制的，所以说谎者能够利用这些信号传达他们想要留给人们的任何印象。相反，要控制我们的遣词造句和说话方式则要困难得多，因此，在分辨真话和谎言的时候，一个人所使用的语言就成了比较可靠的依据。

无论是什么理论，都离不开一个简单的事实：能够辨别谎言的真实线索就是人们的遣词造句。那么，通过聆听谎言或者仅仅阅读说话的文字记录，人们是不是就能够更好地察觉谎言呢？我得承认其实自己也撒了一个小谎。我并没有把罗宾爵士实验的所有真实情况和盘托出。和所有善于欺骗他人的人一样，我其实并没有真正说谎，只是刻意隐瞒了一些重要的信息。

莱斯利·尼尔森、番茄酱和酸奶油

在英国广播公司的电视节目中进行的实验只是大型研究的一部分。就在同一天，我们也把两段访谈的录音拿到了全国性的电台播放，科学编辑罗杰·海菲尔德还安排在《每日电讯报》上刊登了访谈的文稿。他们都请听众和读者来辨别哪一个是谎言，并通过拨打两个不同的电话号码进行投票。结果有成千上万人积极参与。虽然电视观众察觉谎言的能力跟信口瞎猜没太大区别，但报纸读者猜对的概率却达到了 64%，电台听众中更是有 73% 的人猜对了。由此看来，在监测谎言时，聆听是一种比观看更有效的方式。

罗宾爵士的实验当然并不是该领域的唯一研究，还有很多更为古怪的研究也证明了人们可通过聆听来提高分辨谎言的技能。田纳西州立大学的格里恩·利特佩奇和托尼·皮诺尔特所从事的研究就是其中之一。他们在研究过程中使用了美国最为著名和播放时间最长的电视游戏节目。《实话实说》每次都有三名参赛者，他们都会宣称自己是同一个人。由四位名人组成的嘉宾评审团会对这三个人进行轮番考问，并尽可能分辨出到底谁在说真话。待嘉宾做出选择后，主持人就会让说真话的人站出来揭开真相。这个节目已经成为美国流行文化的组成部分，后来还成为电影《逍遥法外》的序幕。皮诺尔特和利特佩奇特意录下了几期节目。其中一期有三名女子都号称自己是研究中世纪问题的专家，在另一期中，有三名男子都说自己曾收到来自中国的邀请，让他们帮忙去发掘史前北京人遗址。研究人员把这些剪辑拿给不同组别的人去看。其中一组人看到的是正常拍摄的影片，既有声音也有画面；第二组人只能听节目的录音；第三组人则只看画面。实验结果证明了说谎用语的重要性。只看画面的人很难分辨出谁在撒谎，但只听录音的人却很善于分辨出谁会站出来揭示真相。

现在，是时候测试你监测谎言的新技巧了。几年前，加拿大探索频道的科学节目《每日星球》让我帮助进行另一次全国性的谎言监测实验。他们邀请到了好莱坞著名影星和喜剧演员莱斯利·尼尔森作为实验对象，尼尔森可是我儿时最崇拜的偶像之一，他曾出演过《空前绝后满天飞》《白头神探》和《笑弹龙虎榜》等电影。节目主持人杰伊·英格拉姆会对尼尔森进行两次访问。每一次都问他最喜欢的食物是什么。就跟罗宾爵士的实验一样，尼尔森在其中一次访问中说的全都是实话，而在另外一次访问中说的却是一连串的谎言。这一次，你能够分辨出哪一个是谎言了吗？

第一次访问

杰伊·英格拉姆：你最喜欢的食物是什么？

莱斯利·尼尔森：我最喜欢的食物是什么？我最喜欢的食物是什么？我可以从任何食物中挑选吧？嗯……天哪，我得说这的确是个艰难的抉择。其实这要看情况而定。我猜……我最喜欢的食物应该是番茄酱。

杰伊·英格拉姆：番茄酱！你为什么那么喜欢番茄酱？

莱斯利·尼尔森：我也不知道。我觉得我是那种可以把番茄酱涂到任何东西上的人，我根本不在乎别人会怎么看。对，就是番茄酱。

当我还是小孩子的时候，我想这个习惯就已经养成了。你知道，如果你想找点儿东西吃，你就会说：“嘿，妈妈，请给我一片蘸果酱的面包。”我记得当时我妈妈说：“我们没有果酱，莱斯利，我们一点儿果酱都没有。”我说：“但是，但是，但是。”于是妈妈就会说：“我给你点儿别的吧。”随后她就会给我一片抹了黄油的面包，还在上面涂了番茄酱。事实上她涂了很多番茄酱，我很快就迷上了。我知道，当我在家的时候……如果我心情不错，我就会自己去弄一点儿来吃。不管怎么样，如果我饿了，我就会直奔冰箱而去，拿出一片面包，抹上黄油，最后再涂上厚厚的一层番茄酱。那会让我的心情变得更棒。

第二次访问

杰伊·英格拉姆：那么，莱斯利·尼尔森，你最喜欢的食物是什么？

莱斯利·尼尔森：它现在正在变成我最喜欢的食物……当然是排在第一位的……那我就选第一个想到的食物吧。嗯……你知道酸奶油吧。比如说，把一些酸奶油放在牛油果沙拉酱上……我想是因为我比较喜欢墨西哥风味的美食吧。我还记得，小时候妈妈会吃拌有沙拉酱的番茄三明治。后来，我觉得沙拉酱看起来很像是酸奶油，那可是世界上我最不想碰的东西。

嗯，所以我真的一直都没有碰酸奶油，可是现在……那种味道真的很不寻常，而且你还可以选脂肪含量比较低的那种，我对这个比较在意，对于我来说这是一种新的口味，但我很快就迷上这种口味了，酸奶油的味道。

你可能已经猜出来了，莱斯利其实并不喜欢酸奶油，他最喜欢的食物应该是番茄酱。访问的文稿中含有非常典型的遣词造句，这些语言都带有谎言和实话的烙印。谎言的篇幅要比实话短得多——莱斯利在谈论番茄酱的时候用了大约 220 个英文单词，但在描述他对酸奶油的喜爱之情时只用了 150 个左右。文稿中也含有谎言特有的“心理距离”证据。

当莱斯利说真话的时候，他使用了 17 个表示“我”的单词“I”，而在说谎的时候仅仅用了 9 个。此外，在真实的陈述中，莱斯利对儿时与番茄酱有关的经历描述得非常详细，而且多次提到了自己的感受（“我很快就迷上了”、“如果我心情不错”以及“那会让我的心情变得更棒”）。相反，莱斯利在说谎的时候都是在泛泛而谈（比如如果使用酸奶油、酸奶油的味道很不寻常、酸奶油脂肪含量较低等），而且只有一次轻描淡写地提到了自己的感受，就是在访谈快结束的时候（“但我很快就迷上这种口味了”）。

一旦知道了能够泄露谎言的迹象，辨别谎言就变得容易多了。这跟说谎者是否直视你的眼睛、是否有很多手势、是否坐立不安都没有什么关系。更为可靠的说谎迹象是人们说话的语气和他们不经意间的遣词造句。说谎者的描述通常缺少细节；说话时停顿和犹豫不决的情况比较多；为了与谎言保持一定的距离，他们会尽量避免使用指向自己的词语，比如“我”；此外，他们也不会谈及自己的感受。对于说真话者可能忘记的琐碎细节他们却记得一清二楚。只要学会了聆听这些神秘的信号，你就能够揭开说谎者的面纱。突然之间，你就知道了大家最真实的想法和感受，此时你会发现自己生活其中的这个世界已变得迥然不同了。说真的，你得相信我所说的这一点。

蒙娜丽莎、刚砍下的脑袋和圣母学院修女会

那么，罗宾爵士和莱斯利·尼尔森的实验是不是就意味着从人的肢体语言和面部表情中无法看出欺骗的迹象呢？其实也不尽然。事实上，的确有办法借助眼睛而不是耳朵识别欺骗的伎俩，只不过你必须知道自己要看的是什么。现在，就让我们来考量一个最常见也是最经常被伪装的非语言行为模式——人类的微笑。

我们每个人都会微笑，但很少有人知道这看似简单的行为背后隐藏的复杂心理。你微笑的时候到底是因为自己很高兴呢，还是想让别人知道你很高兴？这个貌似简单的问题在研究人员中引起了激烈的争论。有些人认为微笑几乎完全是由内心深处的幸福感所驱动的，另外一些人则认为微笑是一种社交信号，目的是让你周围的人知道你的感受。为了平息这场争辩，康奈尔大学的罗伯特·克劳特教授和罗伯特·乔斯顿教授决定对比一下人在两种不同情况下的微笑次数，一种是独乐乐，一种是众乐乐。几经思考，他们找到了一个绝佳的场所进行此项研究——保龄球馆。他们注意到，在打保龄球的人把球抛向球道并打出高分的时候，他们通常都是独乐乐。当转过身面对自己的同伴时，他们同样也非常高兴，只不过此时变成了众乐乐。

在几次研究中，克劳特和他的同事们偷偷观察了 2000 多名打保龄球的人。每一次，研究人员都会仔细记录事件发生的整个过程，其中包括打保龄球的人的面部表情、他们打出的分数以及他们面对的是球道还是自己的朋友。在研究中，研究人员会悄悄地对着录音机说出相关的信息（为了不引起怀疑，所有的信息都用代码表示），以确保能够精确记录测量的结果。他们得出的结论显示，在背对着同伴的时候，如果打出了高分，只有 4% 的人会露出微笑。然而，一旦转过身来面对自己的朋友，42% 的人脸上都会出现灿烂的笑容。因此，有确凿的证据显示，我们微笑的时候并不仅仅是因为我们自己高兴，更多的时候是为了让别人知道我们很高兴。

和所有的社交信号一样，微笑也是可以伪装的。为了给人留下快乐的印象，人们通常会微笑，但其内心深处可能并不快乐。那么真正的微笑和伪装的笑容是一样的吗？或者是否有一些面部信号可以对两者加以区分呢？这个问题已经困扰了研究人员 100 多年。最近，我在艺术画廊里进行了一项非同寻常的实验，这个问题也是实验关注的焦点所在。

在上一章里，我提到了新西兰科学节曾好心地允许我进行第二次“天生幸运儿”实验。在出发之前，我又给主办者提出了一个建议，希望能在科学节上进行第二个实验，旨在揭开虚假微笑的神秘面纱。这个想法很容易实现。我想让人们看几组照片。每一组照片都是同一个人的两张笑脸。其中有一张是真心的笑容，另一张则是伪装的。公众要做的就是找出其中的真心笑容。通过仔细对比同一组的两张照片，就能够知道伪装的笑容是否含有一些足以泄密的信号。通过分析实验的结果，就知道人们是否能够利用这些信号。经过讨论，我们想到一个点子，那就是把实验场所设在一家画廊里。达尼丁公立艺术画廊欣然同意主办这次展览，确保我们非同寻常的艺术科学展能够与特纳、庚斯博罗以及莫奈等大家的作品一起展出。

为了顺利推进微笑实验，我必须想办法让同一个人露出真心的微笑和伪装的笑容。在实验室里，研究人员已经能够通过不同的技巧激发出这两种面部表情。20 世纪 30 年代，心理学家卡尼·兰蒂斯想要拍摄人的一系列面部表情，于是他让志愿者欣赏爵士乐、读《圣经》和翻阅色情图片。（兰蒂斯说："在最后这种情况下，实验者必须特别小心，自己不能笑，也不能表现出很拘谨的样子。"）为了激发更极端的反应，兰蒂斯还设计了另外两种场景。一种是让志愿者把手伸进放着三只活青蛙的水桶里。志愿者出现反应后，实验者敦促他们继续在水中摸索，接着往水里导入高压电，对志愿者进行强烈的电击。不过，这还不算什么，兰蒂斯最令人瞠目结舌的实验是递给参与者一只活生生的小白鼠和一把屠刀，然后要求他们把小白鼠的脑袋给砍下来。这也是在道德上最受争议的一个实验。大约有 70% 的人在实验者的一再敦促下最终结束了小白鼠的生命，剩下的则是由实验者代劳砍下了小白鼠的脑袋。兰蒂斯指出，52% 的人在砍下小白鼠脑袋的时候笑了，而 74% 的人在受到电击时笑了。大部分的志愿者都是成人，但其中也包括一个 13 岁的男孩。这个小孩是大学医院的患者，情绪不太稳定，而且还患有高血压。（"孩子，今天在医院过得怎么样？"）

在微笑研究中，我要求每一名志愿者带一只狮子狗来，还有一把大刀，开个玩笑。事实上，我们所选择的两项任务都不具有争议性。我们要求每个人都带一名朋友过来。每当朋友引他们发笑时，我们就拍下一张照片，记录下他们发自内心的笑容。随后我们会让他们设想遇到了自己特别不喜欢的某个人，但出于礼貌还是强挤出一个笑容。其中的两张照片如下。这一组照片和另外九组照片构成了展览的基础。

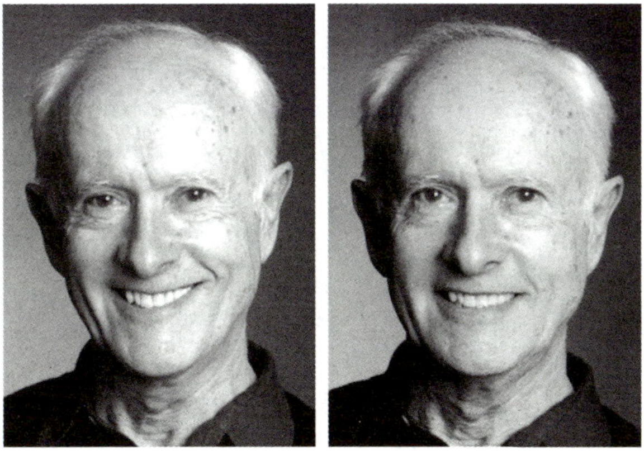

真笑还是假笑？

我并不是第一个在艺术画廊研究微笑科学的学者。2003 年，哈佛神经科学家玛格丽特·利文斯通曾试图以科学的方式揭开艺术史上最著名的微笑之谜。16 世纪时，达·芬奇创作了名画《蒙娜丽莎》。数百年来，艺术史学家一直对这幅画深感不解。大部分的争论都是围绕她谜一样的面部表情展开的，有些学者认为这幅画毫无疑问表现的是一张微笑的脸庞，另一些学者则认为这是最为悲伤的表情之一。1852 年，一位年轻的法国艺术家从巴黎一家宾馆的四层窗口纵身跃下，并留下了一封遗书："多年来，她的微笑把我折磨得几近绝望。现在，我宁愿选择结束生命。"相对而言，利文斯通教授在研究这个谜题的时候采用了相对保守的方法。

多年来，人们留意到，如果你看着蒙娜丽莎的眼睛，她的微笑就会非常明显，如果你直视她的嘴唇，那神秘的微笑就消失了。这显然是这幅名画之所以变得如此神奇的关键所在。只是人们并不知道达·芬奇是如何制造出这种奇怪效果的。利文斯通教授发现，这种错觉的出现是因为人类的眼睛在看世界的时候事实上存在两种截然不同的方式。当人们直视某件事物的时候，光线会落在视网膜中心被称为"中央窝"的地方。眼睛的这个部位擅长观看比较明亮的物体，比如在阳光直射下的物体。相反，当人们从眼角看物体的时候，光线会落在视网膜的周边，眼睛的这个部位擅长观看比较昏暗的物体。利文斯通发现，达·芬奇的名画正是利用视网膜的两个不同部位看物体的不同方式愚弄了人们的双眼。分析显示，这位伟大的艺术家巧妙地利用了蒙娜丽莎颧骨的阴影，使得她的嘴唇看起来比脸的其他部位都更暗淡一些。当人们看她的眼睛时，视网膜的周边视野恰好落在她的嘴部，所以她的微笑看起来非常明显。当人们直视她的嘴唇时，使用的是视网膜的中央窝视野，由于这个部位不擅长观看较暗的区域，这就使得她的微笑看起来不那么明显了。

利文斯通并不是第一位对人类微笑的神秘感兴趣的科学家。200 年前，一小群来自欧洲的科学家针对同一主题展开了一系列奇怪的研究。

在 19 世纪初期，研究人员特想知道电力如何被用于深入研究人体的生理结构和生理状况。有些研究非常可怕，常常是在公开场合电击刚去世不久的人的尸体。该领域最知名的学者应该是意大利科学家乔凡尼·阿蒂尼。阿蒂尼最擅长的技巧就是让杀人犯起死回生。在他的研究中有一个案例是众所周知的，阿蒂尼曾专程前往伦敦让一个名叫乔治·福斯特的杀人犯起死回生。福斯特的罪状是把自己的妻儿在运河里给溺死了，他因此被判在 1803 年 1 月 18 日执行绞刑。死后不久，福斯特的尸体就被转移到了附近的一所房子里。在最著名的英国科学家们的目睹下，阿蒂尼开始向福斯特的尸体上导入各种不同的电压。法院对此做的记录如下（刚巧出现在了克鲁克先生编辑的论文集中，而克鲁克先生的名字还有另外一个意思，那就是“欺骗”）：

第一次电击的是脸部，已故罪犯的下巴开始颤抖，周边的肌肉则出现了严重的扭曲，事实上有一只眼睛竟然睁开了。在随后的电击过程中，他的右手举了起来并开始握拳，双腿和大腿也开始活动。对于一无所知的旁观者来说，看起来这个可怜的家伙马上就要起死回生了。

在接下来的描述中，法院记录排除了他复活的可能性，依据就是对福斯特执行绞刑时，为了减轻他的痛苦，让他尽快有个了断，他的几个朋友曾在绞刑台下用力拉扯他的双腿。记录还指出，即使阿蒂尼真的让福斯特获得了第二次生命，他也得再次被押上绞刑台。依据法律规定，此类罪犯必须被“施以绞刑直至完全死去”。记录还提到了当时的一位旁观者帕斯先生，他是塞吉恩公司的一个执事，在观看实验时受到了严重的惊吓，回家后不久就一命呜呼了。这也使得福斯特成为在死后又害死一个人的少数罪犯之一。

阿蒂尼并不是唯一通过实验研究电击对人体肌肉有何影响的科学家。几年后，一群苏格兰科学家对另一名杀人犯的尸体进行了类似的电击实验，把那个人的脸扭曲成“可怕的表情”，还让他的手指动了起来，好像“尸体在指向不同的旁观者”一样。这一次，实验的结果同样对很多旁观者造成了巨大的震撼，其中一个人当场昏倒，还有几个人因感到非常恶心而离开了现场。

这项研究为现代医学工作中的电击疗法奠定了基础，同时也对流行文化做出了两大贡献。电击看起来可以让人“起死回生”的概念为玛丽·雪莱带来了灵感，她因而创作了《科学怪人》。此外，英文中的“笑场”（corpsing）一词也源自死人脸上呈现的诡异笑容，这个词表示演员在试图做出严肃状时突然发笑的情况。

阿蒂尼的工作也给法国科学家纪尧姆·杜胥内·德·波洛涅带去了灵感，后者开发了一套更为复杂的系统，研究不同的面部表情到底会牵涉哪些肌肉。杜胥内并没有拿刚刚受刑的杀人犯作为研究对象，而是采用了一种相对来说更为文明的做法，那就是拍摄活人脸部直接受到电击时的表情。经过苦苦寻觅，杜胥内终于找到了一位愿意让自己的脸部经受持续而痛苦的电击的人。在 1862 年出版的《人类脸部表情机制》一书中，杜胥内对这位实验对象的描述可谈不上有何赞美之词：

我所挑选的主要实验对象……是一位无牙的老者，他的脸部非常清瘦，五官虽然不能说很丑，但几乎没有任何特色。他的脸部表情与那无害的性格和有限的智慧搭配得可谓完美之至。

此外，这个人还有另一个很棒的特质——他的脸部几乎处于完全麻痹的状态。这意味着杜胥内可以“……像面对一具依然能够做出反应的尸体一样，对他的每一块肌肉进行异常精准的刺激”（如图所示）。

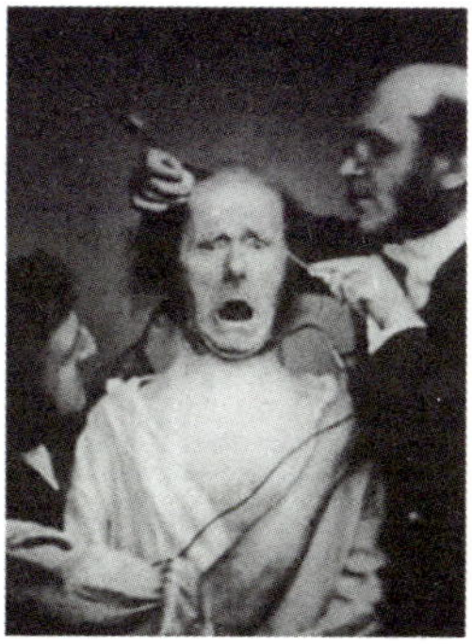

杜胥内刺激实验对象的脸

拍摄了数百张照片之后，杜胥内发现了虚假微笑的秘密。当面颊受到电击时，嘴巴两侧的大块肌肉（颧大肌）会拉动嘴角上扬，从而形成笑容。随后杜胥内给面部消瘦的实验对象讲了一个笑话，他也露出了一个笑容。杜胥内将这两种笑容进行了仔细对比后发现：真心的笑容并不仅仅涉及颧大肌的活动，同时还会关乎眼睛周围的眼轮匝肌。当露出真心的微笑时，这些肌肉会绷紧，把脸颊往上拉，同时把眉毛往下拉，从而在眼角周围产生微小的细纹。杜胥内发现眼部肌肉的收缩是无法随心所欲加以控制的，“只有内心的甜蜜感才能够让它们动起来”。

最近的研究也肯定了杜胥内的工作，我们在21世纪所拍摄的真笑和假笑照片也呈现出了同样的效果。请再看一眼67页上的两幅照片。右边的照片呈现的是虚假的笑容，颧大肌把嘴角往上拉起。研究人员最近把这种微笑命名为“泛美式”微笑，名称源自现已不存在的泛美航空公司空姐的虚假笑容。左侧的图片呈现的则是真心的笑容，同时牵动了颧大肌和眼睛周围的眼轮匝肌。脸颊的上扬让鼻子两侧以及眼睛下方和旁边产生了更为明显的线条。此外，眉头和眉头下方的皮肤已向眼睛所在的方向移动，从而让两者之间的间距变得更为狭窄，并在眼睛的正上方挤出了一个“小袋”。在下侧放大的照片中，更容易看到这些细微的改变。

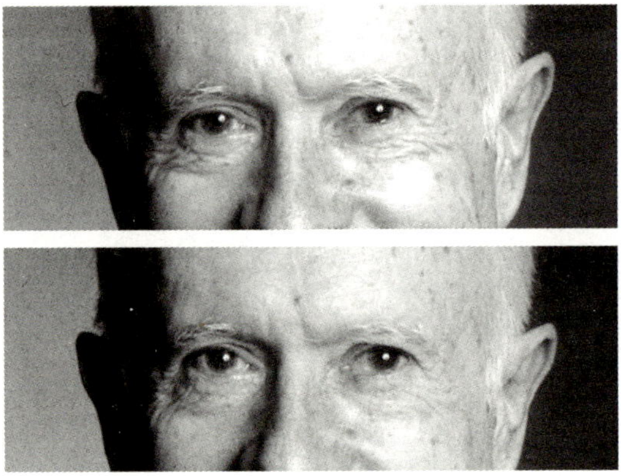

上图是真心的笑容，下图是虚假的笑容

在科学节期间，成百上千人参观了达尼丁公立艺术画廊并好心地参与了实验。我们给每位参与者发了一份调查问卷，让他们仔细观看每一组照片，然后指出哪一个是真心的笑容。结果显示大部分人无法分辨微笑的真假，即便是那些自认为对他人的情绪特别敏感的人，答对的概率也跟随意猜测差不了多少。然而，如果他们知道该看什么，答案就在他们的眼皮底下（只要看看照片中那人鼻子的两旁就可以了）。

参与研究的人们并没有高超的技术去发现真心的笑容。然而，利用杜胥内开发的系统对两者加以区分的能力却让心理学家得以深入探讨情绪与日常生活之间的关系。最近，研究人员甚至开始关注人类幼年行为中一些看似无关的细节，他们想要知道这些细节是否有助于预测人们的长期成功和幸福。

肯塔基大学的心理学家黛伯拉·丹纳针对 200 名修女做了一项研究，从而充分阐释了这一概念。在加入美国圣母学院修女会之前，每位修女都必须写一篇自传。20 世纪 90 年代初期，丹纳对 180 篇自传进行了分析，这些自传都出自 20 世纪 70 年代中期入会的修女之手。丹纳计算了她们用于描述积极情绪的词汇出现的频率，比如“高兴”、“爱”和“满足”等。统计结果令人惊讶，那些形容自己经历过很多积极情绪的修女竟然比别人多活了 10 年之久。

类似的研究工作也显示，从青年时代展露的杜胥内微笑就可以洞悉一个人的人生。20 世纪 50 年代晚期，大约 150 名米尔斯女子大学的大四学生同意让科学家长期研究她们的生活。在接下来的 50 年里，这些女性持续为研究人员提供相关的个人资料，其中包括她们的健康、婚姻、家庭生活、职业和幸福等。几年前，来自加州大学伯克利分校的达彻·肯特纳和丽安·哈克查看了这些女性在 20 多岁时为大学毕业纪念册拍摄的照片。几乎所有的女孩子都面带笑容。然而，仔细观察后，研究人员发现有一半的人露出的是虚假的泛美式微笑，另一半流露的则是发自内心的杜胥内微笑。随后他们开始查看这些女性在半个世纪的时间里提供的各种资料，结果发现了一个惊人的现象。与露出泛美式微笑的女性相比，那些展现杜胥内微笑的女性更有可能步入婚姻的殿堂，更有可能维系婚姻，在整个一生中生活得也更为幸福、安康。

一个多世纪前，眼睛周边的细纹首次引起了杜胥内的注意，但这些细纹竟然可以预测一个人的终生成就和幸福。有趣的是，杜胥内比其他科学家更早地认识到了这一发现的重要性。在职业生涯结束之际，杜胥内总结了自己对于这一发现的感想：

你不能太把微笑当回事，那笑可能是假笑。这种表情可以是一个简单的礼节性的微笑，也可以是对背叛的一种掩饰。当我们内心感到悲伤时，嘴角就会浮现出这种笑容。

“孩子，别担心，我们会一起降落的！”

说到日常的欺骗，谎言和虚假的微笑只不过是冰山一角罢了。

20 世纪 70 年代中期，心理学家开始正视记忆的可塑性。心理学家伊丽莎白·洛夫特斯和她的同事们进行了一系列经典的实验。他们让参与者观看车祸的幻灯片。每个人看到的都是一辆达特桑轿车沿着公路行驶，然后在路口转弯时撞上了一名行人。观看完毕后，研究人员开始偷偷地向参与者灌输虚假的信息误导他们。事实上，幻灯片中的路口有一个“停车”标志，然而，研究人员想要神不知鬼不觉地误导参与者以让他们觉得看到的是另外一个标志。所以他们向参与者提问，请他们说出驶过“让车”标志的汽车是什么颜色的。随后，研究人员让参与者观看两个不同的幻灯片，其中一个路口有“停车”标志，另一个有“让车”标志，他们需要指出之前看到的是哪一张幻灯片。大部分人都会很肯定地说他们看到的是带有“让车”标志的幻灯片。这项研究后来激发出了大量类似的实验。研究人员成功地说服了参与实验的人，使他们将锤子记成了螺丝起子，将《服饰与美容》杂志记成了《小姐》杂志，将刮了胡子的男人记成了留胡子的男人，将米老鼠记成了米妮。

后来的研究显示，同样的概念还可以用来欺骗人们想起未曾发生过的事情。惠灵顿维多利亚大学的金伯利·韦德和她的同事们最近进行了一项研究，充分显示了这种效果的强大力量。韦德请 20 个人说服自己的一名家庭成员参与实验，实验的幌子是研究人们为什么会记得儿时发生过的事情。研究人员要求招募者暗中提供一张参与者儿时的照片。随后研究人员对这张照片进行处理，捏造出参与者儿时搭乘热气球在空中遨游的假照片。最后，研究人员请招募者再提供三张参与者的真实照片，这三张照片真实地记录了参与者曾经历过的一些童年趣事，比如生日聚会、海滩玩耍或者参观动物园等。

真实照片和动过手脚的照片

在为期两周的时间内，参与者会接受三次访问。每次访问的时候，研究人员都会给他们展示那三张真实的照片和那张动过手脚的照片，并鼓励他们尽可能详细地描述照片所记录的每一次经历。第一次访问的时候，几乎每个人对真实发生过的童年趣事都记得非常清楚，但也有近三分之一的人说他们也记得未曾发生过的热气球旅行，有些人甚至还能清楚地描述搭乘热气球的细节。随后，研究人员要求所有的参与者回去后再好好回想一下。到了最后一次访问的时候，有一半的人想起了虚构的热气球旅行，而且很多人都能够描述这次旅行的细节了。有一名参与者在第一次接受访问的时候明确表示从来没有搭乘过热气球，但在第三次接受访问的时候却对这次并不存在的旅行做出了如下描述：

我很确定那是发生在我上小学一年级的时候……基本上你只要花上 10

美元左右就能搭乘一次热气球，它能飞到 20 米左右的空中……那一天应该是周六，而且……我敢肯定当时妈妈正站在地面上给我们拍照。

韦德实验只是众多实验中的一个，这些实验显示：通过操控人的记忆，就可以让他们回忆起根本就没有发生过的事情。在另一项研究中，研究人员请一组参与者详细描述小时候参观迪士尼乐园并遇到兔八哥的经历（兔八哥并不是迪士尼卡通人物，所以不可能出现在迪士尼乐园里）。还有一项实验是这样的，研究人员访问了一些潜在参与者的父母，询问他们的子女小时候是否在购物中心走失过。随后，研究人员仔细选出了一组没有此类经历的人，并设法说服了大部分人详细描述了这一并不存在的可怕经历。类似的研究还包括：让人们相信曾因发高烧在医院住了一晚，而且耳朵可能也受到了感染；曾在婚礼接待处不小心将一盆果汁泼在了新娘父母的身上；曾因消防洒水系统启动而被迫从杂货店疏散；曾因拉开了手刹而让一辆轿车撞到了另一辆车上。研究显示，人类记忆的可塑性要比我们所能够想象的更为惊人。一旦某位权威人士指出我们有过某种经历，多数人都会觉得很难否认，随后就会用设想填补记忆中的空缺。经过一段时间之后，事实和虚构情节之间的界限就变得难以区分了，于是我们开始相信谎言。这种效果的力量是如此强大，以至于有时候我们并不需要权威的声音也能够愚弄自己。有时候，我们甚至完全有能力把自己骗得团团转。

1983 年 12 月，美国总统罗纳德·里根在国会荣誉勋章协会上发表演说。他决定讲一个真实的故事，一个他此前已经进过很多遍的故事。

在第二次世界大战期间，一架B-17轰炸机受到了防空炮火的重创，里根总统讲述的就是这架轰炸机如何克服困难飞越英吉利海峡的故事。飞机下方的炮塔已被击中，里面的炮兵已经受伤，炮塔的门也被卡住了，所以无法打开。飞机开始下降，指挥官要求机组人员跳伞。炮兵被困在了炮塔内，他知道自己就要跟着飞机坠毁了。最后一位离开飞机的人后来描述了他所看到的情景——指挥官坐在炮塔的旁边，对着被吓坏的炮兵说："孩子，别担心，我们会一起降落的！"

里根解释说正是这项英勇的壮举让指挥官在死后获得了国会荣誉勋章。在结束这段感人肺腑的演讲时，里根指出，美国把最高的荣誉颁给"为了安抚难逃一死的孩子而甘愿放弃自己生命的人"绝对是正确的。这是一个很棒的故事，不过却存在一个小问题，这件事情根本就没有发生过。记者们查看了在第二次世界大战期间颁发的434个国会荣誉勋章的记录，并没有发现这件事情或者任何类似的事件。最后，有人指出这个故事和广为人知的战争电影《飞行之翼与祈祷者》中所描述的情节几乎毫无二致。在电影的高潮部分，无线电操作员告诉飞行员飞机已遭受重创，他自己也受伤了，无法动弹。飞行员回答说："我也不知道高度了，麦克。我们将共同面对这一切！"

暗示的欺骗效果并不仅仅会让世界上的领导人把虚构的故事当作事实。职业骗子也会使用同样的技巧，并以此让人们相信他们曾经历过不可能发生的事情。

记得不可能的事情

魔术师是诚实的骗子。和大部分的说谎者不同，他们完全承认自己是在欺骗观众。尽管如此，他们依然得设法让观众相信物体会凭空消失、女人能被锯成两半、未来也可以准确地预测。

100 多年来，有一些心理学家已经探索过魔术师用以欺骗观众的秘密。19 世纪 90 年代，美国心理学家约瑟夫·贾斯特若和两位世界闻名的魔术师组成了一个研究小组，他们的研究目的就是弄清楚人的双手是否真的比眼睛还快。贾斯特若是我最崇拜的学术偶像之一。他是一个非常了不起的人，做过很多非同寻常的调查研究，其中包括率先探索阈下知觉、分析盲人的梦境以及了解碟仙背后的心理。不幸的是，贾斯特若自己也患有抑郁症。芝加哥一家报纸在报道他的疾病时使用了这样的标题——《知名心理医生也有心理问题》。

为了探究魔术心理学，贾斯特若开始与两位知名的魔术师亚历山大·赫尔曼和哈利·凯勒携手合作。赫尔曼和凯勒是当时最著名的两位魔术师，在他们的整个职业生涯中一直处于针尖对麦芒的较劲状态。如果其中一位把一头驴子变没了，另一位就会让一头大象消失。如果一位让一名女士在舞台上空飘来飘去，另一位就会让自己的助手在舞台上飘得更高一些。如果一位凭空变出了一副排列成扇形的纸牌，另一位就会把眼睛蒙上后再玩同样的把戏。贾斯特若把这两位魔术大师都请到了位于威斯康星大学的实验室，让他们参加了一系列的测试，并衡量了他们的反应时间、移动速度以及手指动作的精准度。贾斯特若得出的测试结果并没有非同寻常之处。与几年前收集的非魔术师的数据相比，两位魔术大师的数据其实并没有本质的区别。

但是，贾斯特若用科学的方法证明了大部分魔术师已经知道的事情。魔术事实上跟快速移动没有太大的关系。相反，魔术师会借助多种心理武器去愚弄他们的观众。在魔术进行的整个过程中，暗示扮演着非常关键的一个角色。就像研究人员可以让人们相信他们曾经历过并未真实发生的热气球旅行或者曾在购物中心走失过一样，魔术师也必须能够操控观众对于魔术表演的观感。

这个概念可以用一个简单的实验加以证明，也就是我最近所做的意志力实验。我给我的学生们播放了一段视频，里面的魔术师显然是在借助意志力让金属的钥匙变弯（其实是在耍花招），随后他把钥匙放在了桌子上，往后退了几步，并大声说道："看啊，简直太神奇了，钥匙弯曲了。"事后，所有的学生都就自己看到的事情接受了采访。超过一半的学生说他们看到了放在桌子上的钥匙依然还在弯曲。他们的确不知道魔术师到底是如何做到这一点的。这意味着"专业骗子"能够凭借多年积累的经验，自信地说出一句话，就能够让人们相信他们看到了不可能发生的事情，而且就是在自己的眼皮底下。

通灵会中的心理

或许我最难忘的研究是探讨“暗示”在通灵会中所扮演的角色。这些研究大多是和我的朋友安迪·尼曼共同进行的。安迪是一名技艺精湛的演员和魔术师，他还为英国最成功的电视魔术师达伦·布朗发明了很多东西。几年前，我和安迪在一场魔术大会上首次谋面。我们发现彼此都对 19 世纪的通灵会中用于制造通灵假象的技巧很感兴趣。我们很好奇这种延续了百年的骗术是否还能够愚弄现代的观众，所以决定联手展开一系列非同寻常的实验。

我们的计划其实很简单。我们邀请几组人来参加重新上演的维多利亚通灵会，并使用包括“暗示”在内的各种技巧来伪造灵魂的各种活动。随后我们会请参与者告诉我们他们感受到了什么，并借此评估他们是否真的被我们给骗了。

首先，我们需要一个看起来令人毛骨悚然的地点。我们找到了位于伦敦心脏地带的拘留所，这是一个维多利亚风格的地下监狱，如今早已废弃不用，但里面依然阴暗而潮湿。这简直就是我们心目中的完美之选，好心的房主欣然同意让我们租用这个毫无魅力的场所一周。我们每晚上演两场假的通灵会，每场通灵会都有 25 人参加。

当人们到场时，我们会请他们填写一份简单的表格，问他们是否相信真的有超自然现象存在。随后我会带领大家穿越迷宫般的地下监狱通道，途中简要介绍维多利亚通灵会的历史。最后，我会带他们穿越狭窄的通风井，进入监狱中央的大房间。安迪在这里向大家做自我介绍，并告诉大家他将扮演今晚的通灵人。房间里只有影影绰绰的烛光，安迪让大家和他一起坐在房间中央的大桌子周围。

在接下来的 20 分钟里，安迪会给大家讲述一个虚构的鬼故事，在故事中，一位并不存在的维多利亚时代的音乐厅歌手玛莉·安布罗斯遭到了谋杀。依据经过安迪精心推敲的故事脚本，玛莉就住在监狱附近，而且监狱里经常可以看到她的鬼魂。随后，安迪会把几件物品传给大家看，并号称这些物品都和玛莉有关，其中包括一个沙铃、一个手铃和一颗藤球。事实上，这些东西都是我几天前从二手商店买来的。所有的物品和大家围坐的大桌子上都涂上了一层亮光漆，让大家在黑暗中也可以看到它们。安迪把东西放在了桌上，让大家都要手牵着手，然后就把蜡烛都吹灭了。房间里顿时变得一片漆黑，但由于涂有亮光漆，所以桌子上的物品还隐约可见。安迪开始慢慢地召唤并不存在的玛莉·安布罗斯的灵魂。

安迪让大家先专心看那颗藤球。几分钟之后，藤球腾空升起了几英尺，并开始在房间里四处移动，最后又轻轻地落回到了桌子上。接下来，大家的注意力转移到了那个沙铃上。在这个万籁俱寂的夜晚，沙铃开始慢慢地在桌子上滚动。这些令人毛骨悚然的现象都是 20 世纪初的通灵人经常使用的简单伎俩。我们很快就发现，很显然这些技巧对于现代的观众还会造成一定的影响。我们用红外摄像机拍下了很多场通灵会，录像带显示围坐在大桌子周围的人有目瞪口呆的，有大声尖叫的，也有人在死一般的静寂中被吓得瑟瑟发抖。

接下来上演的就是重头戏了，也就是“暗示”的部分。安迪让玛莉移动又大又重的桌子，让大家知道她就在房间里。事实上，那张大桌子纹丝未动，但安迪却暗示大家它已经飘起来了。他说了“做得很好，玛莉”“把桌子再抬高点儿”以及“桌子现在开始移动了”之类的话。接着安迪让玛莉的灵魂重回阴界，打开了灯，并感谢大家光临今晚的通灵会。

两周后，我们给实验对象寄去了一份调查问卷，询问他们参加通灵会时的感受。我们首先问大家是否认为他们亲眼所见的一切都是超自然现象。在事先表示相信存在超自然现象的人中，有 40% 的人认为那些现象的确是鬼魂活动的结果。但在事先表示不相信存在超自然现象的人中，只有 3% 的人认为那的确是鬼魂在活动。接下来，我们要看一看“暗示”有没有什么效果。结果令人大吃一惊，超过 1/3 的人认为他们的确看到桌子腾空而起了。参与者是否相信超自然现象的存在再一次扮演了一个关键的角色。在事先不相信的人中，有 50% 的人都明确表示桌子根本就没有动过。而在相信鬼魂存在的人中，只有 1/3 的人明确表示没有看到桌子腾空而起。此外，我们的调查问卷也会询问参与者在通灵会进行过程中是否有任何不寻常的感受。看起来我们刻意营造的气氛的确带来了令人毛骨悚然的效果，1/5 的人说他们当时在打冷战，有一股很强的能量在体内游动，而且还感觉到房间里有神秘的东西存在。

实验结果一目了然。正如简单的暗示可以让人们回忆起儿时并没有经历过的童年趣事一样，它同样可以让很多人感受到不可能存在的事物。

办完通灵会后又过了几年，我跟一家电视公司建立了合作关系，共同探讨此类技巧是否可以用来在新世纪里创造一种神奇的信仰，甚至让人们甘愿拿自己挣来的血汗钱埋单。

在研究开始之前，我们到当地的五金店买了两样东西：一个价值 50 便士的铜制窗帘扣环和一个价值 2 英镑的铬合金吊灯拉绳。赫特福德郡一家大型购物中心的经理好心地让我们在购物中心的中央进行实验。

实验开始了，我们拦住了一些人，请他们把铜环或吊灯拉绳放在手中，然后问他们是否感觉有什么异样。果然不出所料，没有人表示有什么不寻常的感觉。接下来就到了运用暗示的时候了。

我又拦住了一些人，这一次我告诉他们我是一名心理学家，设计了两种让人感觉略有不同的物品，目前正在做随机的实地测试。和此前没什么两样，好心的人们同样把铜环或吊灯拉绳放到了自己手中。然而，这一次人们的反应却变得大不相同。之前我们看到大家都是面无表情的，而现在暗示开始改变他们的想法。人们纷纷表示自己隐约感觉到了某些奇怪的效应。有些人说我设计的物品让他们感觉非常轻松。另外一些人则说感觉有点儿麻麻的。他们往往会觉得其中一件物品能够带来某种效应，而另一种就不会，所以他们很想知道两者到底有何不同。当我问他们愿意花多少钱买这些物品时，他们预估的价格是 5～8 英镑之间。

到目前为止，我们用到的还仅仅是口头暗示。现在，则到了加入一些视觉元素的时候了。我穿上了白色的实验服装，并为铜环和吊灯拉绳买了两个廉价的小盒子。我又找了很多购物者进行实验，大家还是很好心地帮我进行测试。我解释说自己设计的这两种物品能给人带来奇妙的感觉，所以想找一些人提供诚实可靠的反馈意见。这一次，大家的反应变得更为激烈了。有一个人说铜环让他感觉很亢奋。另一个人则说铬合金的吊灯拉绳让他感觉到自己的双手好像获得了磁性，并开始互相吸引了。还有一名女士说感觉到好像有电流通过自己的双手。这项实验充分证明，利用简单的暗示就能够轻易把人们兜里的钱骗到手。那么，现在人们愿意为 50 便士的铜环和 2 英镑的吊灯拉绳付多少钱呢？

大家给出的估价已经上升到了 15～25 英镑！

怪
诞
心
理
学

QUIRKOLOGY:
the curious science of everyday lives

第3章
一切皆有可能
——灵异心理学

为什么迷信会伤财害人?

为什么看似不可能的巧合却会意外成真?

某些人如何能赤足走过火炭堆?

鬼屋背后的真相和可怕的超低音波。

伦敦沙威酒店以精美可口的菜肴、贴心周到的服务和富丽堂皇的装修而闻名遐迩，当然，酒店的声名大振也离不开那只3英尺高的木制黑猫卡斯帕。1898年，一位名叫伍尔夫·乔尔的英国商人在酒店订了一个14人坐的桌子。不巧的是，他的一位客人在最后时刻因故未能出席，所以只剩下了13人共同进餐。据传如果13人围坐在一起吃饭是不吉利的，但伍尔夫决定不理会这个无稽之谈，照常宴请宾客。三周后，他到南非旅行，在一桩骇人听闻的谋杀案中不幸中弹身亡。在接下来的几十年里，沙威酒店不再允许13人在酒店共同进餐，如果的确出现了这样的预订，他们就会安排一名员工加入。很明显，酒店再也不想冒险跟另一宗谋杀案扯上关系了。到了20世纪20年代，酒店邀请设计师巴塞尔·隆尼兹创作了一尊雕像来取代真人版的“吉祥物”，卡斯帕由此诞生。从那以后，这件华美的黑猫装饰艺术品就一直陪伴富有的13位贵宾一起进餐。每一次，酒店都会为卡斯帕准备餐巾和全套的餐具，并且给它上跟其他宾客完全一样的美食佳肴。很显然，卡斯帕也是英国首相温斯顿·丘吉尔的最爱，在第二次世界大战期间，一群傲慢狂妄的军官在酒店就餐时抢走了卡斯帕，丘吉尔特意伸出援手把它给找了回来。

在我们的一生中，充满了迷信和奇幻的思想。很多研究人员对这个主题充满了好奇之心，所以展开了诸多奇怪的、不同寻常的探索。当然了，这也是情理之中的事情。要完成这些研究工作需要广泛访问房地产经纪人、观察新几内亚遥远地区的渔民、在全国范围内玩“传递包裹”游戏、在经典音乐会上偷偷地加入低频声波，以及让一群人尝试走过长达 60 英尺（约 18.2 米）烧得通红的火炭。这些研究结果揭示了为什么有那么多人相信不可能的事情，为什么奇怪的巧合却会意外成真，为什么在闹鬼的建筑物里人们会感应到灵异现象。

迷信思想

塞缪尔·约翰逊博士每次出门的时候都会先迈右脚，以求为自己带来好运，此外，他在人行道上行走时总会避开路面上的裂缝。阿道夫·希特勒笃信数字 7 具有非凡的魔力。美国总统伍德罗·威尔逊相信数字 13 一直在为他的生活带来好运，他说自己的名字由 13 个英文字母组成，他在普林斯顿大学待了 13 年后成为该校的第 13 任校长。菲利普王子殿下在每次参加马球比赛之前都会轻轻地在自己的马球帽上拍打 7

下。瑞士顶尖网球选手玛蒂娜·辛吉斯据说在打球时会避免踩到球场两侧的“边线”。美国篮球明星查克·佩尔森承认，如果在比赛前不吃两块 Kitkats（奇巧）巧克力或者两块 Snickers（士力架）巧克力或者一块 Kitkats 巧克力和一块 Snickers 巧克力，他肯定就会感到紧张。即便是诺贝尔物理学奖得主尼尔斯·玻尔据说也会在自家门口放一个马蹄铁。（虽然把这个例子当作人们总会迷信的证据还存在争议，但当被问到是否真的认为马蹄铁会给他带来好运时，玻尔回答说：“不，但是有人告诉我，不管信不信它都会给我带来好运。”）

这些不理性的思想和行为当然并不仅限于那些王子、政客和物理学家。最近的一次盖洛普调查显示，53% 的美国人说他们至少有那么一点儿迷信，还有 25% 的人承认自己比较迷信或者非常迷信。另一项调查显示，72% 的公众说自己至少有一个幸运符。我和英国科学促进会携手展开的 2003 年迷信调查的结果也显示，现代英国社会中同样是迷信之风盛行。大约有 80% 的人会习惯性地敲敲木头以避免霉运临头，64% 的人会交叉手指祈求上苍保佑，49% 的人会避免从梯子下面穿行。即便是美国大学中最聪明的一些学生也会做出类似的举动。为了祈求好运，哈佛大学的本科生在考试之前会习惯性地去触摸约翰·哈佛雕像的脚，而麻省理工学院的学生则会去摸发明家乔治·伊斯特曼铜像的鼻子。随着时间的流逝，哈佛的脚和伊斯特曼的鼻子都因这种迷信心理而被摸得愈来愈光滑了。虽然很多传统迷信相对来说并没有什么害处，比如敲木头或佩戴幸运符，但其他一些迷信思想却会产生非常严重的后果。

1993 年年初，研究人员想要了解门牌号为 13 的房子是不是真会给住在其中的人带来厄运。他们在 30 多家当地的报纸上刊登了广告，希望住在“13 号”房子里的人跟他们取得联系，并判断自己搬进房子后是不是的确距离好运越来越远了。结果有 500 户人家做出了回应，大约有 10% 的住户表示在搬进 13 号后的确遭遇了更多的霉运。研究人员还想知道这种迷信思想会不会影响房价，于是他们就这个问题做了一次全国性调查，调查的对象是那些房地产经纪人。调查结果令他们大吃一惊，40% 的经纪人说购房人通常不愿意购买门牌号为 13 的房子，从而导致卖家不得不降价出售。

在另外一些情况下，迷信思想的影响则可能是生死攸关的。在第一章里，我们已经介绍过社会学家大卫·菲利普斯，他特别着迷于研究人们的出生日期会不会影响他们的死亡时间。菲利普斯曾在《英国医学期刊》上发表过一篇文章，阐述了迷信和确切死亡时间之间的联系。在中文普通话、广东话和日语中，“死”和“四”的发音基本相同，正因如此，数字 4 在中国文化和日本文化中都被赋予了“不吉利”的意义。中国的很多医院里没有 4 楼，有些日本人在每月的 4 日出行时都会变得提心吊胆。这种迷信思想还蔓延到了加利福尼亚，在那里，商店或公司开业时可以自选电话号码的后四位。菲利普斯注意到，在中式餐馆和日式餐馆中，所选电话号码中 4 的数量要比其他店铺少了 1/3，但这种情况在美式餐馆中并不存在。所有这一切让菲利普斯产生了一个想法，他想知道每月 4 日所带来的迷信压力会不会对一个人的健康产生重大影响。比如说，会不会造成更多的人突发心脏病？

为了评估这类迷信思想可能对健康造成的影响，菲利普斯和他的研究团队分析了1973—1998年期间在美国死亡的470万人的记录。他们将华裔美国人和日裔美国人的死亡日期与白种美国人的死亡日期进行了对比。结果发现，在华裔和日裔人口中，每月4日因心脏病发作死亡的人数要比当月的其他任何一天高出7%，如果把关注的焦点放在慢性心脏病上，这个比例将会上升到13%。相对而言，美国白种人的死亡率在每月的4日并没有出现峰值。这项研究工作颇具争议性，其他一些研究人员对此也提出了质疑。尽管如此，菲利普斯和他的研究团队依然相信的确发生了诡异的事情，并将这种现象命名为“查尔斯·巴斯克维尔效应”。查尔斯·巴斯克维尔是阿瑟·柯南·道尔的侦探小说《巴斯克维尔的猎犬》中的人物，因极端的心理压力突发心脏病死亡。

迷信的人不小心害死了自己是一回事，但如果他们的迷信思想直接影响到了他人的生命，那就是另外一回事了。托马斯·斯坎伦和他的同事曾观察过13日周五的车流、购物中心的人数和医院急诊室的就诊人数。在长达两年的观察时间里，他们发现，与6日周五相比，伦敦M25环城高速公路上的车流量在13日周五要少很多，这意味着那些比较紧张不安的驾车人可能选择了待在家里。随后他们分析了这两天里医院的各种就诊情况，其中包括中毒、有毒动物造成的伤害、自我伤害，以及交通事故。在所有这些情况中，只有交通事故出现了明显的差异，与6日周五相比，13日周五这一天因交通事故前来就诊的人数明显高出了许多。事实上，这种差异是极为明显的，在这个“不吉利”的日子里，因交通事故前来就诊的人数竟然激增了52%。然而，斯坎伦和他的同事们只获取了一家医院的就诊资料，所以研究中涉及的数字相对较小，这就意味着他们的发现也有可能纯属巧合。在另一项规模更大但同样存在争议的研究项目中，芬兰研究人员西莫·纳哈查看了 1971—1997 年期间整个芬兰的类似记录。在这段时间内，共出现了 324 个“黑色星期五”和 1339 个非“黑色星期五”。纳哈得出的结论与此前的研究结果是比较吻合的，特别是就女性而言。在男性的死亡记录中，只有 5% 与不吉利的日子相关，但在女性的死亡记录中这个比例攀升到了令人震惊的 38%。两组研究人员都认为交通事故比率的增加是因为驾车人在不吉利的日子里变得特别紧张的缘故。因此，结论已经很明显了：迷信的确会害死人！

火马年

迷信也有可能对整个社会造成巨大的影响。依据古代的中日历书，每一年都由两种元素组成：十二生肖（比如羊、猴或鸡）和五行（比如土、金或水）。火马年每 60 年出现一次。或许这并不是一件坏事，因为人们通常认为火马年代表着厄运降临。依据传说，在这一年出生的女人生性暴躁，所以绝不是好妻子的人选。这个传说虽然年代久远，却因一部歌舞片而流传至今，歌舞片围绕八百屋阿七的故事展开。1682 年，阿七爱上了一位年轻的僧侣，她认为制造一场小的火灾有助于巩固他们的爱情，不幸的是，阿七是在火马年出生的，火灾一发而不可收拾，最终几乎摧毁了整个东京。

上一个火马年是 1966 年，日本研究人员加藤惠格决定利用这个机会看一下迷信思想是否对全体日本人都有影响。结果发现答案是肯定的，而且非常令人震惊。1966 年日本的出生率竟然下降了 25%（相当于那一年婴儿的出生数量减少了近 50 万），而人工流产增加了 2 万多起。后续的研究发现，这种效应并非仅限于日本本土，而且还蔓延到了加利福尼亚和夏威夷，在那里生活的日本人也有出生率下降的现象。在好奇心的驱使下，加藤惠格对手头的数据进行了进一步的深入研究，结果有了更令人瞠目结舌的发现。依据传说，在火马年出生的女性会特别不幸，而且命运会非常悲惨。在 1966 年的时候，要想在出生前知道婴儿的性别还不太容易，因此，为了确保女性后代的数量有所减少，唯一可行的方式就是杀死女婴。难道父母真的会因为古老的迷信传说而置自己的女儿于死地吗？加藤惠格观察了 1961—1967 年间因意外事故、中毒和外部暴力导致的新生儿死亡率，结果令人不寒而栗。1966 年，新生女婴的死亡率要远远高于前后几年，但新生男婴的死亡率并没有出现这种情况。加藤惠格由此得出结论：在火马年出生的日本女婴的确“因为民间的迷信传说而牺牲了”。

日本研究人员平井贤二和来自京都大学的团队评估了另一类日本迷信所付出的财务代价。在 1873 年之前，日本使用的是一周六天的阴历，这六天分别叫作先胜、友引、先负、佛灭、泰安和赤口。时至今日，人们仍会依据传统把泰安当成吉日，而把佛灭看作不吉利的日子。正因如此，很多医院的患者希望能够在泰安之日出院。最近三年的医院就诊数据显示，很多患者为了能在吉日出院竟然会刻意多住几天。研究人员估计，这种迷信行为每年让日本多耗费了大约 1400 万英镑。不仅日本如此，爱尔兰也有一种迷信日期的说法：如果你在周六离开某地，那么离开的时间可能不会太久。也就是所谓的“周六闪，速折返”。研究人员分析了 4 年间的 7.7 万个出生记录，结果发现在周六出院的产妇比预期少了约 35%，而在周五和周日出院的产妇数量则分别增加了 23% 和 17%。

结论已经不言而喻了。迷信并不仅限于无关痛痒的敲击木头或交叉手指，而且还会影响房价、交通事故的伤亡人数、堕胎率，以及月度死亡统计数据，迷信甚至还会迫使医院浪费大笔的资金在完全没有必要的医疗护理上。

考虑到迷信具有如此重要的影响力，为数众多的研究人员对此予以密切关注也就不足为奇了。他们迫切地想要知道：为什么有那么多人宁愿让这些并不理性的想法影响他们的思考和行为模式呢？

彩票、满月抓狂和十三俱乐部

支持迷信思想的人争辩说，这些信仰肯定有一定的道理，因为它们都已经受住了时间的考验。他们这么说也不无道理。在有据可查的所有文明的历史进程中，都有幸运符、护身符和避邪物的身影。敲击木头的迷信可以追溯到异教徒的宗教仪式，他们这么做的目的是祈求得到仁慈而强大的树神的帮助。靠墙放置的梯子会形成一个自然的三角形，人们会将其看作三位一体的象征。13 之所以被看作不吉利的数字是因为刚好有 13 个人参加耶稣最后的晚餐。

质疑迷信的人并不会把这些历史数据看作迷信成立的证据，他们认为，这只不过是一种令人担忧的、根深蒂固的不合理现象，科学实验一直都无法证明这些迷信思想是成立的。他们这么说当然也有一定的道理。迷信行为和彩票之间的关系就是一个很好的例子。每一周，全球都会有数百万人购买各种类型的彩票，他们都希望能够幸运地得到一大笔钱，从而彻底改善自己的生活。彩票的中奖号码都是随机开出的，应该没有什么可靠的办法能够预测到开奖结果。然而，这并不能阻止人们尝试以各种奇怪的方式提高自己的中奖概率。有些人每周都会购买同一组“幸运”数字。还有一些人会依据重大事件选号，比如自己的生日、孩子的年龄或者他们的门牌号。有些人甚至想出了更令人费解的方式，其中包括把每一个数字都写在一张纸上，再把这些纸片撒在地板上，随后让他们养的猫走进房间，猫碰到的那些数字就成了他们的最终选择。

当英国第一次发行国家彩票时，我和另外两位心理学家彼得·哈里斯以及马修·史密斯决定测验一下各种不同的选号方式。我们在英国广播公司的电视节目《时间之外》上进行了一次大规模的实验。我们请 1000 名彩民在开奖之前把他们选的号码寄给我们，并告诉我们他们是否觉得自己是一个幸运的人，同时还要描述一下他们的选号方式。我们很快就收到了彩民填写完毕的彩票调查问卷。最终有 700 名彩民提交了问卷，他们想要购买的彩票数量超过 2000 张。在开奖的前一天，我和马修把每个人选的号码都输入到了一个总的数据表中。做完这一切后，我们突然意识到自己已经收集到了一些非同寻常的信息。如果幸运的人选中的中奖号码真的比不幸的人多，那么幸运的人会选但不幸的人未选的号码就更有可能成为中奖号码。我们此前并没有想到这一点，但如果这个理论是正确的，我们为实验收集的数据就有可能让我们成为百万富翁。

我和马修就这么做是否合乎道德至少讨论了几分钟，然后就开始分析收集到的信息。我们注意到有些数字被幸运的人选中了，但不幸的人并没有选。我们慢慢地确定了“最可能”的获奖号码——1、7、17、29、37 和 44。生平第一次，也是唯一一次，我为自己购买了一张彩票。英国国家彩票是在每周六的晚上开奖，并会在黄金时段通过电视现场直播。和往常一样，49 个球被放进摇奖机里，随后依次摇出 6 个号码和 1 个“特别”号码。最终的中奖号码为：2、13、19、21、45 和 32。我们竟然一个号码也没有选对。那么，参与实验的幸运儿和不幸之人是否会有更好的表现呢？事实上，大家的表现没什么两样。幸运的人选对的号码并没有比不幸的人更多，那些使用各种迷信方式选号的人也并不比随机选号的人更为幸运。至于那些依据自己的生日、孩子的年龄或宠物的行为选号的人，他们的表现也没有任何过人之处。简而言之，在这一次的较量中，理性以 1：0 战胜了迷信。

在这个议题的研究上，其他一些研究人员采取了更加特别的方式。其中我最喜欢的实验之一来自一名美国高中生，他的名字叫作马克·莱文。莱文和他的朋友们对一个颇为流行的迷信传说进行了测验：看到黑猫从面前走过会给人带来厄运。首先，他们让人们玩一个简单的抛硬币电脑游戏，通过猜测硬币的哪一面朝上来衡量运气的好坏。接下来，在这些人慢步穿越走廊时，资深的驯猫师会让一只黑猫从他们的面前走过。最后，所有的参与者再玩一次抛硬币游戏，以便再次评估他们的运气好坏。经过多次抛硬币游戏和“偶遇”黑猫后，莱文得出了实验结论：黑猫并不会给运气带来任何影响。为了确保没有任何遗漏，研究人员又用白猫重新做了一次实验，结果依然是没有任何影响。莱文在研究报告的最后写道：对这个实验持批评态度的人可能会说，黑猫所带来的厄运只会在真实的生活场景中显现，以实验为目的的抛硬币游戏并不能说明什么。莱文就此提出了自己的反驳理由：“我自己就养了一只黑猫，虽然她已经从我面前走过了成百上千次，但无论是我的学业成绩还是社交生活都没有任何恶化的迹象。”

研究人员还在看似最理性的地方——医院——进行过类似的实验。医生也是一个迷信的群体，这一点听起来颇令人意外，与满月相关的行为研究至少证明了这一点。一个美国的研究团队分析了全年范围内约1500例外伤患者的就诊记录，结果发现满月与就诊人数、死亡率、受伤类别，以及住院时间并没有任何关系。尽管如此，1987年一份名为“满月抓狂”的调查报告显示，有64%的急诊室医生相信满月会影响患者的行为。此外，92%的护士也表示，在满月的时候工作压力更大。不过怀疑论者也有理由对后面的这个发现提出质疑，因为这些护士也主张额外的压力是她们领取“满月津贴”的正当理由。

迷信还不止如此。在剧院里说祝福的话被认为是不吉利的（所以演员都会对自己的伙伴说“断条腿吧”，其实是为对方送上祝福的意思），同样的道理，如果在急诊室工作的医生听到了“今晚看起来会比较平静”之类的话，他们就会认为新的患者肯定会如潮水般蜂拥而来。来自马萨诸塞总医院的安德鲁·阿恩和他的同事们对这个迷信说法进行了验证，并在《美国医学期刊》上撰文描述了所做的实验。30 名医生被随机分成了两组。“倒霉”组收到的信息是“祝你值班顺利”，而对照组收到的是一张白纸。

结果显示，倒霉组接待的就诊人数并不比对照组多，睡眠的时间也并不比后者少（事实上，收到祝福信息的组接待的患者数量要少于收到白纸的组，睡眠的时间也要多于后者）。就像所有重要的科学发现一样，这个实验如今在世界各地都有人在不断重复着。其中之一就是英国医生帕特里克·戴维斯和亚当·福克斯所做的实验。他们把急诊室的工作日分为两种：对照日和“问题日”。在对照日里，工作团队谈论的是天气状况，但在“问题日”里，他们都会说当晚应该会很平静。他们得出的实验结果和美国医生并无二致，两种不同日子的就诊人数并不存在显著的差异。

在验证迷信说法的实验中，最系统和最全面的实验或许应该追溯到 19 世纪末。19 世纪 80 年代，美国南北战争中的退伍老兵威廉·福勒上尉决定向命运发起挑战，于是在纽约创建了十三俱乐部。他的做法其实很简单。在每月的 13 日，他都会邀请 12 名客人跟自己共进晚餐，并打破各种广为人知的迷信说法，比如把盐撒在桌子上、交叉放置叉子以及在室内打开雨伞等。福勒上尉万万没想到十三俱乐部竟然一炮而红，并很快成为纽约市最热门的社交俱乐部。这促使他不得不去寻找更大的房间，以便放下更多的桌子，每桌都坐 13 个人。在后续的 40 多年里，俱乐部的会员激增到了数千人，其中荣誉会员名单中至少包括连续五任美国总统。会员们挑战迷信思想的心态和力量的确不容忽视。1886 年 12 月 13 日，政治家、演说家和疑神论者罗伯特·格林·英格索尔在俱乐部发表演讲时提到：

在这个世界上，最重要的事情就是破除迷信。迷信妨碍了人类的幸福。迷信是一条可怕的毒蛇，扭动着它那可怕的身姿从天而降，用它的毒牙刺穿了人们的心脏。只要我还活着，我就会尽我所能去消灭这个可怕的怪兽。

英格索尔进一步解释说，如果他死了，而且发现的确有来生，他依然会致力于跟那些相信超自然力的迷信之人进行争辩。尽管一直都在参与据说会招致厄运、死亡和疾病的活动，但十三俱乐部的成员被证明一直生活得健康而快乐。1895 年，在俱乐部的第 13 次晚宴上，福勒报告说，俱乐部成员的死亡率事实上略低于普通大众的平均水平。1936 年，曾担任俱乐部领导者的小亚瑟·莱曼对破除迷信禁忌的正面效果做过如下评价：

对于任何想要寻求真正好运、幸福和健康的人，我的建议是从今天开始就破除一切已知的迷信……据我所知，俱乐部的所有成员都很幸运……我今年已经 78 岁了，我想你们再也找不到比我更幸福或者更健康的人了。

那么，如果迷信的说法是无法成立的，为什么还能够经受住时间的考验呢？为什么又会一代一代流传至今呢？或许，新几内亚海岸的岛民和第一次海湾战争中试图对付飞毛腿导弹的以色列人可以为我们提供部分答案。

美拉尼西亚人和导弹

布罗尼斯拉夫·马林诺夫斯基是世界上最伟大的人类学家之一。他在波兰长大，最初学的是数学和自然科学。然而，一次偶然的机缘彻底改变了马林诺夫斯基的人生历程。在准备一场外语考试时，他偶然看到了著名人类学家詹姆斯·弗雷泽爵士的著作《金枝》。弗雷泽的这本书详细研究了世界各地不同文化中的巫术和宗教。这本书促使马林诺夫斯基前往英国开始了人类学的研究生涯。第一次世界大战爆发后，为了避免被扣留，马林诺夫斯基旅居到了美拉尼西亚、新几内亚外海的一个小岛，并在那里潜心研究特罗布里恩德岛民与世隔绝的社群文化。后来他依据自己在该岛的研究工作写成了公认的经典之作《西太平洋上的航海者》。马林诺夫斯基对特罗布里恩德岛民日常生活的诸多方面都进行了研究，其中有一个方面是他特别感兴趣的，那就是岛民的迷信行为。他注意到，当在礁湖区相对平静的海面作业时，特罗布里恩德岛民使用的都是普通的捕鱼技巧，只有当他们进入更为危险的外海时，才会使用更为复杂的巫术和迷信仪式。马林诺夫斯基推测，这些迷信行为可能根源于岛民生活的不可预测性。当在礁湖区捕鱼时，岛民面对的不确定性相对较少。他们觉得自己可以掌控局面，所以没有必要采取迷信行为。然而，外海的情况就完全不同了。岛民们非常清楚，外海的局势难以预料，因此他们会寄希望于各种各样的巫术仪式，试图由此获取外海局势的控制权，并降低捕鱼作业的风险。简而言之，马林诺夫斯基相信迷信能够让这些岛民更为安心，让他们在面对无情命运的明枪暗箭时感觉自己能够掌控局面。

如果我们觉得不理性的行为仅限于 20 世纪 20 年代与世隔绝的一小群岛民，可能也有那么一点儿道理。不过，促使特罗布里恩德岛民在美拉尼西亚外海举行复杂仪式的压力也正是导致我们敲击木头、交叉手指和收集幸运兔子脚的原因所在。

到了 20 世纪 20 年代中期，德国遭遇了一次极端严重的通货膨胀，以至于人们会用购物袋装着纸币满大街跑。所有人都迫切地希望能在拿到钱的第一时间把它们花掉，因为他们担心手头的这些钱第二天就会大幅贬值。到了 1932 年，德国已有近半数的人口失业。1982 年，马歇尔大学的弗农・帕吉特和加州州立大学的戴尔・乔根森发表了一篇论文，对比了两次世界大战期间德国主要报纸杂志上与占星、神秘主义和巫术迷信相关的文章数量以及每年的经济威胁指数。作为对照，他们也对有关园艺和烹饪的文章数量进行了统计。经济威胁指数是以工资、工会会员失业比例和工业生产为基础计算的。当人们备受经济萧条的折磨时，有关迷信的文章数量就会显著增加。当经济情势开始好转时，此类文章的数量也会相应减少。这两个因素之间的密切关系让论文的两位作者得出了如下结论：

正如特罗布里恩德岛民在更为危险的外海捕鱼时变得非常迷信一样，20 世纪二三十年代的德国人在面临经济威胁时也变得更为迷信了。

两位作者将他们的发现与更为宽泛的社会问题联系在了一起。他们表示，在不确定性持续增加的时期，人们会迫切地寻求一种确定感，这种需求会促使他们支持强大的领导体制，并相信各种号称可以确定他们命运的不理性因素，比如迷信和巫术。

1991 年海湾战争期间，以色列特拉维夫大学的心理学家们展开了一项研究，生动详尽地阐述了同样的概念。战争爆发后不久，形势就变得非常清晰了，特拉维夫和拉马特甘等城市都面临着遭受飞毛腿导弹袭击的危险，而其他一些城市相对来说就安全一些，比如耶路撒冷和提贝里亚斯。研究人员想要知道，在更危险的地区生活所带来的巨大压力会不会让人们变得更迷信一些。为了验证这个观点，他们设计了一份关于迷信的调查问卷。问卷中有些问题与众所周知的奇思异想有关，比如与幸运的人握手或者佩戴幸运符是否会给人带来好运。其他一些问题则与战争爆发后出现的新迷信行为有关。比如说，从 20 世纪 80 年代中期开始，以色列的建筑中都有一个房间可以用塑料密封起来，目的就是保护里面的住户免受毒气袭击。问卷里的问题包括：大家是不是觉得走进密封的房间时先迈右脚比较好？如果密封的房间里有一个房子已经被袭击过的人，那么这个人再次遭受袭击的可能性会不会更大一些？接下来，研究人员开始在高危险区域和低危险区域挨家挨户进行访问，他们总共访问了 200 人左右，问他们是否有上述行为。研究人员的猜想得到了证实：与国内低危险区的居民相比，那些住在易受导弹袭击区域的人更容易产生迷信的思想和行为。

在新几内亚、德国和以色列进行的研究得出了一个共同的结论：为了应付不确定性，很多人变得迷信了。然而，其他的研究结果也显示，迷信思想也可能是由截然不同的其他原因所导致的，而且很可能会造成更为严重的后果。

极具感染力的思考

在那本有关巫术和宗教的经典著作中，詹姆斯·弗雷泽爵士描述了几种不同类型的奇思异想，其中最基本的一点就是“蔓延之律”。依据这种理论，一旦某个物件与某个人接触后，就会获得那个人的某些“本质”。在某些特定形式的巫术仪式中，如果想要诅咒某个人，或许就需要获得这个人的毛发或者指甲屑，由此对他们施加某种类型的影响（通常是负面的）。

心理学家保罗·罗津和其宾夕法尼亚大学的同事们想要知道这种思想在现代西方社会中是否依然存在，以及某些类型的偏见和不理性行为是否也根源于这种思想。为了找出问题的答案，他们展开了一系列非同寻常但颇具洞察力的实验。研究人员会询问人们：

如果有一件男女都可以穿的蓝色羊毛衫，宽松、漂亮，而且质地柔软，穿在身上你会有什么样的感觉？这件羊毛衫几天前才洗过，不过还是全新的，从来都没有人拥有过或者穿过。

大家都会说穿这样一件羊毛衫没有任何问题，这当然一点儿也不奇怪。随后研究人员请大家设想一下这件羊毛衫曾被因输血而感染艾滋病的人穿过。研究人员强调羊毛衫也是在几天前刚洗过，而且艾滋病人就只穿了 30 分钟，结果大家突然都说他们真的不想穿那件羊毛衫了。虽然人们都知道这样的羊毛衫并不存在健康隐患，也没有卫生问题，但迷信的感染理论在人们的头脑中占据了上风，结果使得他们无法说服自己去穿那件羊毛衫。罗津和他的同事们又让人们设想羊毛衫属于不同的主人，结果发现，如果人们知道羊毛衫的主人曾是邪恶的化身，比如冷血杀人魔或者狂热的领导人，他们就会产生强烈的反感情绪。事实上，罗津的研究发现，人们宁愿穿沾有狗粪但并未洗过的羊毛衫（这可的确会带来健康隐患），也不会接受冷血杀人魔曾经穿过但已经洗干净的羊毛衫。

这是一个小小的世界，而且每年都在缩小

人们经常会对这个世界产生奇思异想，原因就在于他们经历了一些看似诡异的事情。巧合让同时发生的事情看起来不仅别有寓意，而且绝不仅仅是凑巧那么简单。最为著名的巧合事件当属美国总统约翰·肯尼迪和亚伯拉罕·林肯之死了。林肯是在福特剧院被刺杀的，而肯尼迪则是在乘坐一辆林肯轿车出游时遭到了暗算，这辆林肯车刚好是福特汽车公司生产的。林肯于 1846 年当选为国会议员，肯尼迪当选则是在 1946 年。林肯在 1860 年当选总统，而肯尼迪在 1960 年当选。两位总统的姓氏都包含七个英文字母，而且两次刺杀行动都发生在周五。在他们死后，继任的总统都叫约翰逊。安德鲁·约翰逊生于 1809 年，而林登·约翰逊是在 1909 年出生的。

当然了，这些惊人的巧合并非只有美国总统才会遇到，大部分人的生活中偶尔也会出现这种奇妙的现象。20 世纪 20 年代，三个互不相识的人一起乘坐火车穿越秘鲁。由于坐在同一节车厢内，他们开始做自我介绍。结果发现，第一个人的姓氏是宾哈姆，第二个人的姓氏是鲍威尔，而第三个人的姓氏竟然恰巧是宾哈姆－鲍威尔。另一件惊人的巧合于 1953 年发生在伦敦的沙威酒店，也就是幸运黑猫卡斯帕所在的地方。为了报道伊丽莎白二世的加冕大典，电视台记者埃夫·库普西内特住进

了酒店。他打开了自己房间的一个抽屉，结果发现里面有自己的朋友哈利·汉宁的东西，汉宁是著名的哈林花式篮球队的经理人。仅仅两天后，库普西内特就接到了汉宁寄来的一封信，信中说他正住在巴黎的莫里斯酒店，结果在自己房间的抽屉里发现了库普西内特的一条领带。面对如此奇怪的巧合，很多人可能会问："出现这种情况的概率又能有多少呢？"然后他们就不再深究了。不过，有些学者却不会就此止步不前，比如斯坦福的数学家佩尔西·戴康尼斯。

拉斯维加斯的赌场曾邀请戴康尼斯前往，以判断他们的洗牌机是否真的会随机洗牌（当然不会如此）。他还曾利用高速摄像机每秒拍摄一万帧影像，以便对人抛出的硬币进行分析（结果发现硬币在下落的时候会稍微偏向一开始出现的那一面）。他甚至还说服了哈佛的一个技术团队去创造一台能够完美实现随机抛硬币的机器。此外，他还就巧合的数学和心理学撰写过非常重要的学术论文，说正是某些鲜为人知的统计法则让看似不可能的事情意外成真，其中之一就是大数法则。

在英国，几乎每周都会出现一次非常惊人的巧合，我们都知道，如果说这种事情仅仅是运气使然那简直无法令人相信。事实上，发生这种事情的概率极低，低到只有一千五百万分之一。这个惊人的巧合就是有人中了头彩。这种看似不可能的事情为什么每周都会发生呢？原因就在于有太多的人购买彩票了。很多巧合也都是在同样的情况下出现的。全世界有数百万人过着复杂的生活，因此，如果偶尔有人中了头彩或者经历了怎么看都不可能发生的事情，那也没什么可大惊小怪的。虽然人们忍不住会想这可能是上帝发出的某种信号，或者人与人之间存在着某种神秘的感应，但事实上所有此类事件都仅仅是一次偶然。阿瑟·柯南·道尔在《蓝宝石案》中对此做了完美的诠释：

在极为庞杂的一大群人中，存在着各种各样的行动和反应，事件的各种组合都有可能发生，许多小问题的出现看起来可能会既令人震惊又超乎寻常。

同样的规则也适用于那些看似隐藏特定信息的神奇回文，或对于人或事简洁而巧妙的描述。“US president Ronald Reagan”（美国总统罗纳德·里根）对字母进行重新排列后刚好是“repulsed and ignorant arse”（令人厌恶的、无知的饭桶）；“President Clinton of the USA”（美国总统克林顿）则可以重新排列为“to copulate he finds interns”（他找实习生交欢）。我最喜欢的回文是字谜创作者考瑞·卡尔霍恩发现的，也是莎士比亚的《哈姆雷特》里面的名句：“To be, or not to be: that is the question: / Whether'tis nobler in the mind to suffer/The slings and arrows of outrageous fortune.”（生存还是毁灭？这是个问题。究竟哪样更高贵，去忍受那狂暴的命运无情的摧残，还是挺身去反抗那无边的烦恼，把它扫个干净。）重新组合后的句子刚好是整出悲剧的完美概括：“In one of the Bard's best-thought-of tragedies, our insistent hero, Hamlet, queries on two fronts about how life turns rotten. ”（在莎士比亚最著名的悲剧中，我们那无比坚定的英雄哈姆雷特对人生腐化的两个方向发出了质问。）上述这些例子虽然看起来令人惊讶，但并不是什么魔法。说到底这不过是大数法则使然罢了。文字有那么多种组合方式，剧本和图书中的文字又那么多，所以偶尔出现一些奇妙的回文也就不足为奇了。或许更为奇怪的是竟然有一些人愿意投入大量的时间来寻找此类回文。

虽然很多巧合都可以用大数法则加以解释，但有时候也涉及更为深奥的心理学。1993 年的一项调查显示，人们最常碰到的巧合是“小世界”现象，比如两个陌生人在派对上偶遇，结果却发现他们有共同认识的熟人。大约 70% 的人声称有过此类经历，其中 20% 的人说他们经常碰到这种情况。20 世纪 60 年代，美国著名的心理学家斯坦利・米尔格兰姆对这种现象产生了浓厚的兴趣。

米尔格兰姆是一个杰出的人物，曾做过一些闻名于世的心理学实验。从 1960 年年底开始，米尔格兰姆就展开了一系列研究，探索普通人会不会仅仅因为实验者要求他们那么做就将痛苦和折磨施于他人。在实验中，实验者要求参与者对另外一名参与者（事实上是一名假装受到了电击的演员）进行电压越来越大的电击。如果参与者稍有迟疑，实验者就会用“请继续”和“实验要求你继续”之类的话鼓励他们持续电击另一名参与者。米尔格兰姆的研究结果显示，大约有 60% 的参与者会因为有身着白大褂的实验者要求他们那么做而对不幸的受害者施予可能致命的电击。米尔格兰姆的电击实验非常有名，以至于每一本入门级的心理学教科书中都会收录，而且成为对流行文化产生重大影响的少数行为研究之一。20 世纪 70 年代中期，哥伦比亚广播公司播放了电击实验的戏剧，威廉・夏特纳扮演了米尔格兰姆这个角色。1986 年，音乐家彼得·加布里埃尔写了一首名为《让做什么就做什么》(《米尔格兰姆的37人》)的歌曲，指的就是在米尔格兰姆的一次实验中，40名参与者中有37人完全听从了实验者的指令。然而，并不为众人所知的是，他的电击实验激发了一系列同样令人震惊的后续研究。谢里登教授和金教授担心参与者可能已经知道电击的受害者是一名演员，所以在20世纪70年代重新做了一遍这个实验，用小狗取代了演员来接受实实在在的电击。实验结果被写成了题为《以真实受害者进行服从权威实验》的报告，报告中指出，只有略多于50%的男性对小狗施予了最大电量的电击，但即便面临致命电压也毫不手软的女性竟然高达100%。

在其学术生涯中，米尔格兰姆不断设计和执行非同寻常且发人深省的实验。事实上，他因此类的研究工作而变得闻名遐迩，以至于当他在1963年11月22日冲进同事上课的演讲厅宣布肯尼迪遇刺的消息时，大部分学生还以为这只是米尔格兰姆的另一个搞怪实验。

米尔格兰姆的理论研究一向是在麻省理工学院进行的，后来他决定以实际的方式了解“小世界”现象背后的真相。他给住在内布拉斯加州的198个人分别寄了一封信，请他们确保帮忙把这封信转给“目标收件人”：一位在波士顿工作、住在马萨诸塞州沙伦的股票经纪人。不过，在转寄的过程中有一个特殊要求，那就是参与者不能直接将这封信寄给股票经纪人，他们只能把这封信寄给他们觉得有可能认识那位股票经纪人的熟人。随后的每一位收信人都得到了同样的指示，而且都只能把这封信转寄给自己非常熟悉的人。

那么，到底需要经过多少个人才能与完全陌生的人取得联系呢？美国已经有数亿人口，但研究发现，要让第一个发件人与目标收件人取得联系只需要 6 个人，这一点的确令人惊讶。这意味着素昧平生的两个人之间仅隔六度之遥。这个结果也暗示，当今社会的联系要比我们想象的紧密多了，这也有助于解释为什么仅凭口耳相传就可以迅速传播笑话、八卦新闻和流行时尚。此外，通过研究每个完整关系链中人与人之间的关系，米尔格兰姆就能够大致了解 20 世纪 60 年代美国社会的结构。人们更有可能将信件转寄给同性熟人而非异性，而且大部分的传递是通过朋友和熟人进行的，而不是亲戚。米尔格兰姆的发现并不仅仅适用于社会系统，同时也能够诠释其他各种不同的网络，其中包括供电网络、疾病的传播、互联网上的信息传递，以及大脑神经网络的运转等。

1995 年，在论及米尔格兰姆的实验时，数学家约翰·艾伦·保罗斯写道：

> 虽然还不清楚该如何通过研究证实这一点，但据我猜测，在过去的 50 年里，任何两个人之间的平均连接数已经减少了。尽管世界人口的总数量在不断上升，但随着通信技术的不断进步，这个数字还将进一步缩小。

米尔格兰姆的传递信件实验所具有的意义是如此重大，再加上保罗斯对于世界必将变得越来越小的猜测，竟然没有任何研究人员想要重做米尔格兰姆的实验，这一点的确非常奇怪。鉴于此，我和同事艾玛·格林宁在 2003 年决定与《每日电讯报》的科学编辑罗杰·海菲德以及切尔滕纳姆科学节合作，郑重考虑这个议题。我们决定在英国率先再现米尔格兰姆的经典搞怪实验，并对两种说法进行验证。首先，我们是否会得出与米尔格兰姆一样的连接数？或者正如保罗斯所猜测的那样，连接数会变得更少呢？其次，有没有可能借助这个现象来解释我在研究幸运儿和不幸之人时遇到的另一个奇怪现象？幸运儿号称他们会经常遇到一些机缘巧合，这些巧合无疑为他们的生活带来了莫大的帮助。比如说，他们会在派对上撞见某人，然后会发现原来彼此有共同的熟人，并最终通过这些联系结为夫妻或者成了生意上的伙伴。或者，在他们需要帮助时，看起来似乎总认识某个人，而这个人认识的另一个人恰巧能够解决他们的问题。相反，不幸的人很少提到自己有类似的经历。我们想要知道，幸运的人会不会有更多“小世界”经历，因为他们认识很多人，所以会在不经意间建立属于自己的小世界，并因生活在其中而为自己带来了好运。

我在《每日电讯报》上刊登了一篇短文，诚挚地邀请有意参与“小世界”实验的读者和我联系。随后，100 名志愿者收到了包裹，里面还有实验的说明材料以及一套明信片和信封。实验说明解释了实验的目的是确保包裹能够转交给特定的“目标收件人”。

我们所选的“目标收件人”不再是波士顿的股票经纪人了，而是换成了 27 岁的卡蒂·史密斯，一名在切尔滕纳姆科学节上负责活动组织的年轻人。和米尔格兰姆最初实验的要求一样，所有参与本次实验的志愿者和后续的收件人都只能把包裹转寄给自己熟悉的人。所有志愿者和后续收件人都必须将一张明信片寄回给我们，以便我们能够追踪包裹在国内的移动情况。

结果显示，包裹从最初的志愿者到卡蒂只需要经过四个人连接，比米尔格兰姆的实验结果少了两个人。实验中的某些关系链很好地阐释了貌似陌生的人们之间是如何很好地联系在一起的。比如说，有一位最初的志愿者是纺织品代理商，名叫贝瑞。贝瑞住在斯托克波特，所以并不认识卡蒂·史密斯，这或许没有什么好奇怪的。贝瑞把包裹寄给了自己的朋友帕特，因为她就住在切尔滕纳姆跑马场附近。帕特也不认识卡蒂。她把包裹寄给了自己的朋友大卫，没想到大卫碰巧就是切尔滕纳姆科学节的负责人。这下好了，大卫当然认识卡蒂，所以直接就把包裹交给了她，从而完成了整个链条的传递工作。

我们是第一次在英国复制米尔格兰姆的实验。包裹送达目标收件人所需的平均连接数减少了，这或许是因为英国的人际关系比美国更为密切的缘故。但另一方面，这证明了我们感兴趣的某种可能性，证明了在过去的 40 年里世界的确变得越来越小了。或许，正是由于电子通信的普及、电话网络的增加和更为频繁的旅行，我们所有人都比以前更为接近了。从社交层面上来说，或许科技真的让世界变小了。

全球变小的可能证据看起来都是合情合理的，不过我们是否发现了任何证据可以证明幸运儿的人脉更广，因而生活在比其他人更小的世界里呢？为了找出问题的答案，我们要求每一名最初的志愿者在参与实验之前评估自己的幸运程度。有 38 名志愿者没有把包裹寄给任何人，因此他们收到的包裹最终也未能送到卡蒂的手中。有趣的是，这些人中的大多数在此前都把自己评估为不幸之人。我们想要找出这种奇怪行为背后的秘密。为了确保能够参与实验，这些志愿者已经迈出了关键性的一步，但为什么在实验刚一开始的时候就放弃了呢？我们写信问他们为什么没有寄出包裹。他们的答复蕴含着非常明显的信息——大部分人说他们想不出有什么熟人可以帮忙把包裹寄给卡蒂。因此说，看起来从一开始幸运的人就比不幸的人认识更多潜在的收件人，所以转寄包裹的成功率也就大大提高了。这个结果充分证明了幸运儿所处的世界的确比不幸的人更小，反过来，这也进一步增大了他们在生活其中的小世界里经历“幸运”巧遇的可能性。

在烧红的火炭上行走和幽灵鬼怪

有些人似乎可以在火上行走，在一长列烧得通红的木炭上赤脚走过却毫发无损，要知道，木炭的表面温度可高达 1000 华氏度（约 538 摄氏度）左右呢。科学上对这种惊人技艺的解释是这样的：炭的导热性非常低，再加上炭火余烬的面积相对较小，所以真正传递到脚底的热量很少。然而，很多的火行者对此却有一些听起来很不寻常的诠释，并因此将在火上行走当成了不错的谋生手段。据他们说，他们是用心灵的力量创造出一个神奇而强大的力场，这个力场足以保护他们不受伤害，并宣称可以将这种技巧传授给其他人。科学家预测，人在烧得通红的木炭上行走的距离最长可达 15 英尺（约 4.6 米），在这个范围内脚底是不会被烧伤的。不过，号称自己有超自然能力的人夸口说，无论走多远他们都会毫发无损。

2000 年，我和英国广播公司的科学节目《明日世界》合作，决定在电视直播中测验这种说法。节目组斥巨资燃烧了 50 吨木材，并制造出一个长达 60 英尺的炭火长廊。接下来，号称能够创造奇迹的火行者们就将在实况转播中测验他们的超自然理论了。结果显示，几乎所有的火行者在走到 25 英尺（约 7.6 米）左右时就跳离了火炭，而且双脚均出现了二度烧伤。事后我采访了这些火行者，他们为自己的失利找到了不错的借口。有一名火行者说深度催眠状态是成功走过炭火长廊所必需的，但电视转播时的强光让他根本无法进入这一状态。另一位则解释说就在她开始走上炭火之前，她的守护天使不知道为什么突然离开了。这次测验明确无误地告诉我们：相信不可能的事情有可能对你的身体健康造成巨大的伤害。即便出现了双脚二度烧伤的悲剧，这些火行者依然未对自己宣称的超能力产生丝毫怀疑。

幸运的是，大部分人并不认为自己具有超能力。不过，很多人相信他们经历过同样奇怪的现象。大约有 1/3 的人相信有鬼魂存在，而且有 1/10 左右的人号称的确遇到过鬼魂。我不知道鬼魂是否真的存在，不过我非常肯定大家都很会欺骗自己去相信真有此事。在过去的很多年里，为了探索灵异经历背后的心理因素，我和我的同事们做过各种各样非同寻常的实验。英国的鬼屋数量在世界上都是名列前茅的，我们的很多实验就是在英国各地那些著名的鬼屋里进行的。我们也是首批受邀到英国皇宫调查灵异事件的研究人员，并因此在伦敦郊外华丽的汉普顿宫待了整整10天。还有一次，我们在苏格兰的爱丁堡进行了一系列的实验，这里历史悠久的街道下面有几间幽深的地窖明显是在“闹鬼”。

人们经常会发现，我们的实验跟电影《捉鬼敢死队》中所呈现的方法截然不同，这多少让他们有些失望。我们并不会穿着连身衣、背着吸尘器走来走去，而且我们从来也没有用捉鬼陷阱捉到过任何幽灵鬼怪。我们的目的并不是要证明或反驳有鬼怪存在。相反，我们的工作是想搞清楚一个疑问：在这些著名的“闹鬼”地点，人们经常会表示遇到过灵异事件，这到底是为什么？

大多数的研究是邀请一些人以一贯的方式小心地走过这些“闹鬼”的地点，并请他们描述是否感受到了任何诡异或者不寻常的现象。随后我们会对号称感受到灵异现象的人和他们有此感受的地点进行研究，并由此逐渐梳理出灵异现象背后的心理因素。

我们发现，有些人对鬼魂的存在要比其他人敏感得多。很多志愿者在走过“闹鬼”的地点时并不会感受到任何灵异现象，然而，几分钟后，当另一个人走过同样的地点时，马上就会感觉到不大对劲，并说他们感觉周围有诡异的东西存在。那些能够感觉到诡异现象的人通常都具有非常不错的想象力。这些人都是很好的催眠对象，比如说，他们经常会忘记自己在出门的时候是否拔掉了电熨斗的插头，或者他们会设想自己忘记拔了。他们看起来能够说服自己鬼魂就站在他们身后，或者藏在黑暗的壁橱里。结果他们就会真的感到非常害怕，这会促使他们的身体和大脑发出一系列与恐怖相关的信号，比如脖子后面的汗毛会竖起来，或者突然感觉到浑身发冷。

研究还发现，背景信息在实验过程中扮演着至关重要的角色。1997年，美国心理学家吉姆·赫安发表的一篇实验报告充分说明了这一点。吉姆是我的合作伙伴，他找到了一个废弃的电影院，这里并没有任何闹鬼的传闻。随后吉姆分别让两组人在里面四处走动，并描述自己是否感觉到了任何诡异现象的存在。其中一组人被告知这家电影院里出现过很多灵异现象，所以他们会特别注意根本不存在的灵异活动。另一组人则被告知这家电影院将要进行翻新，希望他们评估一下每个房间给他们的感觉。两组人在电影院里参观的完全是相同的地点，但在参观之前被灌输了完全不同的思想，结果"抓鬼"组报告的不寻常体验要远远多于另外一组。

那么，这是否意味着所有的灵异体验都是由过于丰富的想象力和适当的背景信息所造成的呢？其实也并非完全如此。已故的维克·坦迪做过另外一个实验，显示有些灵异体验可能的确是由空中某些诡异的东西造成的。维克是一名正在接受培训的电气工程师，他花费了大量的时间研究自己感兴趣的现象，其中就包括魔术和鬼魂。1998年，他在一家为医院设计和生产救生设备的公司工作。维克和其他几名科学家有一间共用的小实验室。这间实验室里经常有闹鬼的传闻，很多清洁人员都说在里面时的感觉很诡异。维克一直觉得这不过是无稽之谈，或者是有毛茸茸的小动物住在实验室里的原因。直到有一天，他自己也碰到了诡异的现象。那是一个晚上，他独自一人在实验室工作，突然就感到越来越不自在，而且还浑身发冷。接下来，他明显地感到有什么东西在看着他，他抬起头来，隐隐约约看到左边的眼角处缓缓地出现了一个模糊的阴影。他脖子后面的汗毛一下子竖了起来，据他回忆说："如果要说我当时给吓坏了，那绝对一点儿都不过分。"最后，维克鼓足了勇气，强迫自己转过头去直视那个阴影。结果那个东西就慢慢地消失了。

维克是一名优秀的科学家，所以他觉得可能是某些装有麻醉剂的瓶子出现了泄漏，所以让他产生了幻觉。于是他快速检查了一下实验室里的瓶子，但并没有发现麻醉剂泄漏的现象。最后他只能困惑不安地回家了。

第二天，他要参加击剑比赛，所以急匆匆地把自己的花剑拿到实验室进行临时修补。当他把花剑放进老虎钳里的时候，它突然开始剧烈地摇晃。有些人可能会把这种现象归结为吵闹鬼的恶作剧，但维克还是开始去寻找合理的解释。这一次，他有了一个重要的发现。他把老虎钳拿到了地板上，并让它缓缓地移动，结果发现，当老虎钳处于实验室中央的位置时，花剑的晃动最为剧烈，可当把老虎钳向房间的某个角落移动时，花剑的晃动就不会那么剧烈了。维克猜测实验室里应该有低频声波存在，这种声波人耳是听不到的。进一步的调查验证了维克的猜想。经过追踪，他发现低频声波源自抽气系统中一个新安装的风扇。当风扇启动时，花剑就会开始摇晃。当风扇关闭时，花剑就会停止晃动。可是，维克的发现能够解释看似灵异的现象吗？

这些声波通常被称为"次声波"，维克知道，这样的声波人耳是听不到的，却拥有巨大的能量，所以完全可能产生诡异的效果。20 世纪 60 年代，美国航空航天局迫切地想要弄清楚，火箭发动机在火箭发射过程中产生的次声波会对航天员造成怎样的影响。他们进行的试验显示，次声波的确可能引起胸腔震动、影响呼吸，并让人产生作呕、头疼和咳嗽等现象。进一步的研究发现，特定频率的声波还可能引起眼球的震动，从而让视觉出现扭曲。这些声波能够移动小的物体和表面，甚至还可以让烛光诡异地闪烁个不停。维克在《美国心理学研究会期刊》上撰文描述了自己的经历，他推测某些建筑物内可能存在次声波（可能是由强风吹过打开的窗户引起的，也可能是附近嘈杂的交通造成的），这种低频声波的奇特效应可能是某些人相信这些建筑物会闹鬼的原因所在。

这种说法听起来好像很有道理，因为次声波的确非常奇怪。这种声波可以经由自然现象产生，比如海浪、地震、飓风和火山喷发。1883年，印度尼西亚喀拉喀托火山喷发产生的次声波曾环绕地球数周，世界各地的仪器对此都有记录。这种低频声波也是核爆炸的副产品——这也是我们架设次声波监听网络的原因所在，目的就是找出核弹试验的可能证据。

许多动物对人耳听不到的频率非常敏感，包括超声波（高频率）与次声波（低频率）。人类对动物世界的这些微妙震动进行监测和利用的历史已经绵延很久了。早在 19 世纪 80 年代初，维多利亚时代的科学家弗朗西斯·高尔顿就在中空拐杖的顶端安装了一个能够发出超声波的哨子，当在摄政公园的动物园里游走的时候，高尔顿会按下拐杖顶端的一个橡皮球，并开始观察哪些动物会对橡皮球发出的高频声波做出反应。现代的狗哨就是从高尔顿使用的这种哨子发展而来的，高尔顿对实验的结果做出了如下描述：“……我的巡游显然让动物园里的犬科动物变得异常躁动不安，这难免引来了诸多好奇的目光。”最近，科学家也做了一些从概念上看类似的研究，结果显示鲸鱼、大象、乌贼、珠鸡和犀牛都对低频声波非常敏感，它们会借助这些声波信号进行迁徙或进行远距离的沟通。鉴于动物界存在这种现象，再加上自然界发生的地震和飓风也会产生次声波，所以有些研究人员产生了一个念头，那就是动物是否可以监测到此类自然灾害发出的次声波，并将其作为早期的预警信号呢？有些人推测，2004 年南亚海啸发生前的动物逃逸现象很可能就是次声波造成的。

军队也已经对低频声波展开了调查，看是否能用其制造可怕的声学武器。这种武器被俗称为令人闻之丧胆的“褐色音符”，据说这种声波可以让人的大肠产生震动，从而导致失禁。虽然音效工程师对这种可能性早有了解，不过这种概念为大众所知却是在 2000 年。动画片《南方公园》中有一个情节，剧中的一个小孩子不小心在美国电台播放了次声波，从而导致全国同时出现了腹泻现象。鉴于媒体对此有一些后续报道，美国的科学节目《流言终结者》决定测验一下强烈的次声波对人体的影响。虽然接受测试的人表示的确有恶心作呕的感觉，却没有出现传闻中的失禁现象。

不过，还有一个问题。大多数的军事和工业活动使用的都是较强烈的次声波，维克推测，低强度的次声波也足以导致一些备感诡异的体验。因此，是时候通过实验对此加以证实了。

小氛围和找到上帝的简便方法

莎拉·安格利斯是我的一位老朋友，也是一位声学家，专门为博物馆和其他公共场所生产音频设备。有一天晚上，我们谈到了鬼魂和维克对低频声波的推测。莎拉也对次声波有强烈的兴趣，所以建议我们俩联合起来做个实验。我们需要一个能够吸引很多人的活动，而且人们可以评估活动中有无次声波存在时的不同感受。莎拉的想法是把次声波加入现场音乐会的某些旋律中，并观察秘密释放的声波是否会影响观众对音乐的感受。比如说，次声波会不会让观众产生撞鬼时的诡异感觉，让他们觉得有诡异的东西存在、突然浑身发冷、膀子后面突然发麻等。

莎拉带领一群优秀的工程师和物理学家打造出一台高科技的次声波发射器，让我们能够随心所欲地释放次声波。事实上，这是一条 7 米长的下水管，在中间部位装了一个低频扬声器。该系统第一次启动时莎拉刚好在场，以下就是她对当时场景的描述：

下水管开始和灯管、家具以及其他一些零碎的东西产生共振。由于下水管发出的噪声极低，所以这种现象看起来非常奇怪。看着物体莫名其妙地开始振动，人们很容易就会以为是撞鬼了，事实上却是次声波产生的能量在作祟。

我们和我当时所带的博士生塞伦·奥凯弗以及英国国家物理实验室的声学专家理查德·罗德博士、丹·西蒙博士组成了一个研究团队。我们在伦敦南岸租用了一间大音乐厅，举办了两场非同寻常的音乐会。

我们的计划很简单。每场音乐会都由著名的俄罗斯钢琴家捷妮娅演奏几首当代钢琴曲。在音乐会的四个节点上，我们都会请现场的观众填写一份调查问卷，评估他们对音乐的感受，并写下任何非同寻常的体验，比如麻酥酥的感觉或者突然感到浑身发冷。在其中的两个节点之前，我们会让整个音乐厅充满次声波。除了次声波释放的时间不同外，两场音乐会是完全一样的。为了将其他情感因素的影响降至最低，比如说人们对不同乐曲的偏好程度，我们采取了一种相对平衡的实验流程。如果次声波发射器在第一场音乐会的某一节处于开启状态，那么在第二场音乐会的同一节就会被关闭。我们还小心谨慎地把次声波控制在了人耳刚刚可以听到的强度上，再加上捷妮娅所演奏的乐曲起到的掩护作用，观众根本不可能意识到次声波的存在。

举办音乐会其实没有想象的那么容易。南岸音乐厅距离伦敦动物园不是很远，开始的时候我们还担心次声波会不会对某些动物造成影响，比如说像高尔顿在一个世纪前进行的声波实验那样，让动物变得“异常躁动不安”。经过粗略的计算后，我们得出了结论：动物园里那些四条腿的朋友没有什么可让我们担心的。不过，同样的估算也显示，如果我们不特别小心谨慎，我们就得担心音乐厅里的观众了。高强度的次声波会对人体产生不利的影响。很显然，我们只想让观众感受到安全的次声波。潜在的问题就在于次声波会在音乐厅内回荡，所以并不能排除次声波在音乐厅的某个位置会进行叠加，从而产生强度异常大的次声波并对观众的身体健康造成威胁。为了防止这种情况的发生，很有必要在音乐会正式开始前启动发射器，并让理查德和丹仔细评估音乐厅各个位置的次声波强度。

研究团队在音乐会开演的当天早晨集合，装有低频扬声器的下水管安装在了音乐厅的后面。我们启动了次声波发射器并把音量调到了最大，随后就在音乐厅内展开了地毯式监测。结果令我们非常高兴，音乐厅内没有任何位置出现特别危险的高强度次声波。这下我们放心了，于是继续全身心地投入到实验的准备工作之中。

我的任务是负责主持音乐会。欢迎大家光临现场，向大家解释实验的目的，并确保大家准确无误地填写调查问卷。塞伦负责决定在哪一首曲子中加入次声波，所以坐在了负责控制发射器的理查德和丹旁边。莎拉是整个团队的头儿，她还将在音乐会后主持一次讨论并解释这次活动背后的科学意义。捷妮娅负责在音乐会上演奏每一首乐曲。

举办这种类型的现场活动总是让人非常紧张。通常来说只有一次成功的机会，如果出了任何状况，我们可就在公众面前丢大人了。事先的宣传让音乐会的门票销售一空，在第一场音乐会开始前，我和捷妮娅紧张地等在后台。当 200 名观众全部入座后，音乐厅的灯光逐渐暗了下来。我走上舞台，欢迎大家光临这场独特的音乐会。捷妮娅的演奏可谓完美，次声波发射器也按计划启动和关闭，观众们也都沉浸在了钢琴曲中，听得如醉如痴。每位观众在听完四个实验曲目后都完整地填写了调查问卷，并在离开大厅的时候把问卷交还给了我们。我其实没有必要那么紧张。整场音乐会都进行得非常顺利。大约一小时后，我们上演了第二场音乐会，只不过这次换了另外200名观众。这一切结束后，我们就到附近的酒吧休息去了。

在接下来的一周里，我的研究助理将调查问卷的数据输到了电脑里，并对结果进行了分析。那么，莎拉的周密规划和精心准备都收到成效了吗？次声波真的让现场的观众产生了毛骨悚然的感觉吗？如果是这样，这将是验证维克设想的第一个实验，它将能够证明某些灵异现象的确可能是低频声波造成的。好消息是没有一名观众出现令人不寒而栗的“褐色音符”现象。更好的消息是，正如预期的那样，观众的确在演奏加入次声波的乐曲时有了更多诡异的感觉。效果很明显，平均而言，在有次声波存在时，表示有诡异感觉的人数竟然多出了22%。人们对诡异感觉的描述都非常有趣。在演奏一首乐曲时，次声波如潮水般涌进了音乐厅，一名观众表示，当时感觉“手腕开始发抖，胃也变得很不舒服”，另一名观众则说感觉到“心跳加速，出现了耳鸣，很紧张”。在另一个释放次声波的节点上，一名男士说他“感觉坐在了即将起飞的喷气式飞机上”，另一名女士则表示：“身体和胳膊都有高潮前那种绷紧的感觉，但双腿没有。”

世界各地的媒体都对我们的实验结果进行了报道。结果很多主题公园都开始主动跟研究团队联系，询问是否可以利用次声波让他们的恐怖游戏变得更令人胆战心惊。然而，这还不是本项目最奇怪的产物。我们已经证实了，有些灵异现象可能是由次声波导致的，但有一些学者对这个观点做了进一步的发挥。他们表示，同样的低频声波或许也能够在创造所谓的神圣体验中扮演重要的角色。英国瑞丁大学的艾伦·华生和大卫·基廷为苏格兰新石器时代的古墓搭建了一个电脑模型。研究人员表示，利用这个模型可以产生次声波共振频率。鉴于此，一个人如果敲击一面直径 30 厘米的鼓也能产生强大的低频声波。其他一些研究人员则表示，某些教堂里的大型管风琴也可以产生类似的效果。

在准备音乐会的时候，研究团队刚好拜访了几家教堂，结果发现教堂里的大型管风琴的确可以产生强度可观的次声波。这意味着那些在教堂里感觉到上帝显灵的人很可能是对大型管风琴发出的超低声波产生了反应。一位管风琴制造商私下向研究团队透露的信息进一步验证了这种观点。他告诉研究人员，由于人们听不到这些大型管风琴发出的声音，所以它们可以被看作营造小氛围的昂贵方法，或者帮助信徒找到上帝的一种简便方式。

怪诞心理学

QUIRKOLOGY:
the curious science of everyday lives

第4章
下定决心
——决策心理学

为什么无能的政客能赢得大选，无辜的好人却受罪蒙冤？

如何打造完美的搭讪之词和征友广告？

潜意识会影响购买行为吗？

为什么姓鱼的夫妇约翰和苏珊的确写了一本《学生海岸指南》？

好吧，让我们来一次虚幻的购物之旅。请设想你决定要买一个不错的新计算器。你来到了卖计算器的商店，售货员给你看了几种不同的产品。经过仔细权衡后，你终于选中了一款，售价 20 英镑。就在这时，售货员的表情变得有点儿局促不安了。他向你解释说，明天商店会有打折活动，如果你到时候再买，这款计算器就只售 5 英镑了。那么，你还会当场买下选中的计算器吗？还是明天再来买？

现在，让我们设想另外一个稍有不同的场景。这一次，你决定买一台新的电脑。你走进了一家商店，售货员给你看了几种不同的产品。经过仔细权衡后，你终于选中了一款，售价 999 英镑。就在这时，售货员的表情变得有点儿局促不安了。他向你解释说，明天商店会有打折活动，如果你到时候再买，这款电脑的售价就会降为 984 英镑。那么，你还会当场买下选中的电脑吗？还是明天再来买？

决策心理学研究人员曾让很多人考虑过上述两个场景。事实上，在这两种情况下，人们都有机会节省相同数额的金钱。如果仅从理性的角度考虑的话，人们应该会以同样的方式处理这两次购买行为。如果他们不在乎可以省下的那几个英镑，就应该当场买下计算器或电脑；如果他们想要节省 15 英镑，那就应该第二天再去购买。然而，很多人在这两种场景中选择了截然不同的处理方式。大约 70% 的人表示他们会第二天再去买计算器，但会当场就买下看中的电脑。

即使不借助计算器，我们也知道两次省下的钱没什么两样，这是显而易见的。但是，为什么人们会以如此不理性的方式对待这两次购买行为呢？看起来他们并不是以绝对值来计算到底可以省下多少钱，而是以能够节省的金额在支出总额中所占的比例来衡量。如果以绝对值来衡量，每次节省的都是 15 英镑。不过，这 15 英镑代表的是计算器折前价格的 75%，如果换成了电脑，这个比例就仅为 1.5% 了。从相对值来看，计算器打折后的价格要划算多了，所以更值得去等待一天。

研究人员针对人们决策的方式进行过大量的探讨，虚幻的购物之旅只是其中之一。他们已经研究过人们如何做出各种不同的决策，其中包括该跟谁结婚、该支持哪个政党、希望从事什么职业、应该住在什么样的房子里、该买多大尺寸的车子，以及是否该放弃这一切而搬到乡村去生活。

我们将在这一章对有关决策的特别研究进行探讨。潜意识信息真的可以增加可口可乐、爆米花和熏肉的销量吗？候选人的身高这类简单的原因真的会让选民从支持这个政党转而去支持那个吗？你的姓氏会影响你住在哪里和从事何种职业吗？好莱坞电影会在全球范围内影响法院的判决吗？为什么某些特定的搭讪之词和征友广告会有效呢？

我们将首先从神奇的潜意识知觉世界开始深入探讨。

喝可口可乐、吃爆米花和购买熏肉

1957年9月，市场研究人员詹姆斯·维克瑞宣布了一项实验结果，证明潜意识刺激能够对人们的购买行为产生巨大的影响。维克瑞宣称，新泽西人在电影院看电影时被偷偷地灌输了两种潜意识信息："喝可口可乐"和"吃爆米花"。维克瑞自己设计了一台高速投影仪，让这些信息在电影银幕上一闪而过，信息每次停留的时间仅为三千分之一秒。虽然观众并不知道这些信息的存在，但可口可乐和爆米花的销量分别上升了18%和58%。维克瑞的声明在公众和政治家群体内引起了巨大的轰动。难道人的思想和行为真的可以被潜意识信息操控吗？人们真的能被说服从而买下他们并不想要的产品或者投票给他们不支持的政治人物吗？这些潜意识信息能够在全国性的电视台播出进而对全体国民产生影响吗？

有关潜意识刺激可能具有强大力量的信息宛如野火一般迅速在全国蔓延开来，在维克瑞召开新闻发布会9个月后，有人做了一次调查，结果显示超过40%的受访者都已经听说过这个故事。这项研究带来的强烈反响引起了梅尔文·德夫勒的关注，德夫勒是印第安纳大学的传播研究专家，他的博士学位研究课题得到了中央情报局的资助，该课题就是在核战争爆发时如何有效地将有关食物和避难的信息传达给公众。德夫勒对两种技术含量很低的信息传播方式特别感兴趣：口耳相传与空投大量传单。为了避免引起大范围的恐慌，德夫勒和他的同事们经常会隐瞒所做实验的真正目的。作为研究项目的一个组成部分，研究人员曾装扮成金盾咖啡公司的推销员，对华盛顿州某个偏僻小镇的五分之一住户进行了拜访。他们告诉人们公司推出了一个新的宣传口号（“金盾咖啡，品质如金”），3 天后他们将对镇上所有的住户进行回访，每一位能够记住该口号的人都将获赠 1 磅（0.45 千克）咖啡。为了在小镇上营造出浓烈的“咖啡热潮”，他们不但采用了这种面对面的宣传攻势，而且还把美国空军搬来助阵，在小镇上空投下了 3 万张传单。3 天后，调查人员对小镇居民进行了回访，结果发现 84% 的人都能够准确地说出金盾咖啡的新宣传口号——金盾咖啡，品质如金。不过，研究人员在报告中强调，这个数字可能有点儿高得不切实际了，原因就在于咖啡的市价在调查开始之前出现了大幅上扬，公众可能是在强烈动机的驱使下才记住了新的宣传口号。

德夫勒对詹姆斯·维克瑞就潜意识知觉所发表的声明很感兴趣，所以决定跟同事罗伯特·佩特雷诺夫携手对此进行调查。两个人决定做一次实际的测试，采用的方法是在全国性的电视节目中插入隐藏的信息。他们知道自己的动作必须要快，因为全美广播电视协会已经建议不要在媒体中使用潜意识刺激，而且看起来不久就要全面禁止了。德夫勒和佩特雷诺夫在印第安纳波利斯的 WTTV 电视台第四频道做了两个实验。

研究的第一部分旨在确定隐藏的信息是否会影响大众看电视的习惯。按照惯例，WTTV 电视台第四频道每晚都会播放长达两小时的电影，随后是由知名主持人弗兰克·爱德华兹主持的新闻节目。研究人员获准在播放电影的两个小时里始终加入潜意识信息“观看弗兰克·爱德华兹”，希望能够以此说服更多的观众稍后继续观看爱德华兹的新闻节目。

研究的第二部分旨在探讨潜意识刺激改变人们购买行为的可能性。约翰·菲格公司是位于印第安纳的熏肉批发商，公司让研究人员在其电视广告上闪过“购买熏肉”的潜意识信息，随后追踪该信息对整个地区熏肉销量的影响。

1958 年 7 月，WTTV 电视台第四频道的观众整月都在接受隐藏信息的轰炸，告诉他们去观看弗兰克·爱德华兹的节目和购买熏肉。在实验开始之前，弗兰克·爱德华兹节目的平均收视率为 4.6%，经过两小时的潜意识信息持续轰炸后，该数字降到了 3%。潜意识信息对购买行为的影响也并没有预想的那么深远。实验开始前，约翰·菲格公司在印第安纳地区平均每周可以卖出 6143 份熏肉。到实验结束时，熏肉的销量只是出现了非常小幅的上扬，平均每周可以卖出 6204 份。简而言之，潜意识刺激对于熏肉的销量几乎没有任何影响，同时还使得数量可观的电视观众放弃了弗兰克·爱德华兹的新闻节目。由此可见，潜意识信息的猛烈轰炸并没有带来明显的效果。

德夫勒和佩特雷诺夫得出了结论：公众在晚上终于可以安心入眠了，因为他们已经知道潜意识刺激并不能偷偷地操控他们的思想和行为。

当然了，并不是只有他们两位深入探讨过这个话题。几个月前，加拿大广播公司在周六晚上的热门节目《特别聚焦》中让“现在就打电话”的信息迅速闪过 350 多次，并告诉观众如果发现自己的行为有任何奇怪的改变就给电视台写信。结果显示，无论是在节目播出期间还是播出后，观众打来的电话数量都没有出现显著的增加。不过，电视台的确收到了数百封来信，很多观众表示他们突然有一种莫名其妙的冲动，比如说，突然想喝啤酒、想上洗手间，或者想去遛狗。尽管没有明显的证据可以证明播放潜意识刺激会对观众造成任何影响，但迫于来自公众和政治人物的压力，全美广播电视协会还是在 1958 年宣布全面禁止在美国的广播电视网络上使用潜意识信息。

詹姆斯·维克瑞宣称潜意识信息可以增加爆米花和可口可乐的销量，但德夫勒和佩特雷诺夫得出的结论却是熏肉的销量并没有因潜意识刺激而大幅上扬，那么，这种相互矛盾的现象又该做何解释呢？1962 年，维克瑞接受了《广告时代》杂志的专访，并揭晓了这个困扰人们许久的谜底。他解释说，有关潜意识刺激和购买行为的故事过早地泄露给了媒体。事实上，他当时收集到的数据非常有限，也就仅够申请专利之用而已。维克瑞承认说，当时自己所做的调查实在太少，所以根本谈不上有什么意义。说白了，普通大众和政治人物激烈争论的不过是一个虚构的故事，而不是事实。在访问接近尾声时，维克瑞补充说：“我想，我所取得的所有成绩就是把一个新词变成了公众耳熟能详的词语……我尽量让自己不再去想这件事情。”然而，维克瑞所做的绝不仅仅是鼓励人们使用“潜意识”这个词而已，他的虚构研究早已变成了都市中的传奇，那些相信潜意识信息能够影响购买行为的人至今仍在引用维克瑞的研究。

虽然并没有证据显示在电视上播放的潜意识信息和行为之间有任何联系，但当今的政治人物依然担心微妙的信号可能会对选民产生影响。在 2000 年美国总统大选中，共和党制作了一个电视广告片，对民主党在老年人处方药上的政策进行抨击。在广告中，有许多文字缓慢地从前景向背景移动。当表示官僚的英文单词“bureaucrats”出现在观众视野之中时，广告中有一帧画面只显示了该词语的最后四个英文字母“rats”，意即“卑鄙小人”。民主党将这看作共和党试图以潜意识知觉左右选民行为的举动，要求美国联邦通信委员会对此进行调查。共和党则争辩说“rat”的出现纯属巧合，广告的主题是健康，而不是什么啮齿类动物（译者注：rat 的另一个意思是“老鼠”）。

詹姆斯·维克瑞并不是唯一宣称潜意识刺激会强烈影响人类行为的人。其他人也写过畅销书，宣称广告商为了刺激销售会经常在照片中嵌入与性有关的图案。他们给出的例子包括冰块中袒胸露乳的女人、香烟包装上的男子勃起图、在全球最畅销的饼干两面多次嵌入的“sex”（性）字样。此外，有几家公司还销售潜意识录音带，他们宣称录音带上隐含的信息能够让人实现各种渴望，其中包括增强自信、性能力和智慧等。这可是一个规模不小的产业。据推测，仅 1990 年这一年，潜意识录音带在美国的年销售额就突破了 5000 万美元。这些主张中的绝大部分都没有得到任何形式的科学验证，围绕该话题展开的少数研究也没有得出任何支持此类主张的结果。在其中的一项研究中，过于肥胖的人聆听了号称可以帮助他们减肥的潜意识录音带，与没有聆听此类录音带的对照组相比，他们的减肥效果并没有变得特别明显。在另一项实验中，警官们花了 20 多周聆听号称可以改善枪法的录音带。结果显示，他们的枪法并没有变得比未受到潜意识刺激的同事更准一些。

那么，这是不是意味着微妙、隐约的信号并不会影响我们的思想和行为呢？事实上，大量的研究显示，我们日常行为的很多方面都会不自觉地受到外在因素的影响。这些因素并不会在电影或电视屏幕上快速闪过。相反，它们就出现在我们眼皮底下，而且会对我们的思想和行为模式产生重大的影响。类似名字这么简单的因素就是其中之一。

面包师 Bun（意为“小面包”）先生

1971 年，心理学家芭芭拉 · 布坎南和詹姆斯 · 布朗宁请一群人评判对 1000 多个名字的喜欢程度。结果出现了非常明显的刻板印象。绝大多数的人都表示喜欢迈克尔、詹姆斯和温迪等名字，但特别不喜欢阿尔弗雷德、波希瓦和伊西多。我们或许会认为这些情绪上的反应并不会对人的一生造成多大的影响。可事实上，我们错了。

20 世纪 60 年代晚期，美国研究人员阿瑟 · 哈特曼、罗伯特 · 尼古拉和杰希 · 赫雷对名字不太常见的人产生了兴趣，他们想要探讨这些人是不是比名字常见的人更容易受到心理问题的困扰。他们对 1 万多份精神病法院记录进行了分析，发现有 88 个人的名字非常罕见，比如欧德、莱塞尔、威耶尔等。随后他们又从记录中找出了 88 个名字比较常见的人作为对照，这些人和第一组人在性别、年龄和出生日期上并无二致。结果发现，名字比较罕见的那些人更有可能被诊断出患有精神病。正如研究人员在报告中所述："从降临到人世的那一刻起，孩子的名字通常就成了一个既定的事实，而其未来的个性也必将衍生于此。"这并不是唯一记录与众不同的名字有何弊端的研究。相关的研究显示，老师也倾向于给名字比较讨人喜欢的孩子较高的作文成绩；名字不讨人喜欢的大学生更有可能在社交上受到孤立；姓氏碰巧带有负面含义的人——比如"Short"（矮）、"Little"（小）或者"Bent"（弯）——更有可能萌生自卑感。美国精神病学家威廉·墨菲研究过几个历史病例，刚好可以验证这最后一点。其中一个病例中的患者承认，当他还是小孩子的时候，为了防止阴茎在睡觉时勃起，他睡觉时总会戴一个下体弹力护身。然而，护身非但没有带来预期的效果，反而让他的阴茎出现了向下弯曲的变化。不幸的是，这名患者的姓碰巧是"Bent"（弯曲），而且还有一个绰号"小火车头"，这一切让他常常想起儿时被阴茎问题困扰的情形，从而变得对性爱深感不安，以致出现了心因性阳痿。他也因此更觉得自己是一个无能的家伙。

1999 年，加州大学圣迭戈分校的尼古拉斯·克里斯顿费尔德、大卫·菲利普和劳拉·格琳发现了一些证据，这些证据显示即便是姓名的首字母缩写也会成为生死攸关的问题。研究团队利用电子词典找出了所有用三个字母组成的英语单词。随后他们对整个清单进行了分析，找出了其中特别正面的词汇，比如 ace（能手）、hug（拥抱）、joy（高兴），和特别负面的词汇，比如 pig（猪）、bum（屁股）、die（死）。接着他们进入了加利福尼亚州死亡证明的电子数据库，分别查看了首字母缩写比较“正面”和首字母缩写比较“负面”的人的死亡年龄。在排除了种族、死亡年份和社会经济状况等因素后，研究人员发现：具有“正面”首字母缩写的男士平均比一般人多活了 4 年半，而具有“负面”首字母缩写的男士则比一般人少活了 3 年左右。具有“正面”首字母缩写的女士平均寿命比一般人多了 3 年，但具有“负面”首字母缩写的女士却没有遭遇负面效应。在探讨这种效应背后的可能机制时，研究人员表示，首字母缩写比较“负面”的人可能对自己的评价不是很高，而且可能需要忍受周围人的嘲笑以及其他一些负面的反应。另外一个事实也佐证了这个观点，那就是首字母缩写比较“负面”的人更有可能因自杀和意外等心理因素死亡。

不过，姓名比较罕见和首字母缩写比较“负面”的人也并不总是与犹豫和绝望相伴。另外一组研究人员率先对克里斯顿费尔德的研究提出了质疑。在一篇名为《字母组合决定论》的文章中，来自波莫纳学院的斯蒂利安·莫里森和加利·史密斯对最初的实验使用的统计方法提出了批评，他们使用了自认为更为复杂的分析方法，但并没有得出同样的结论。

此外，来自北卡罗来纳州基尔福学院的心理学家理查德·泽亨哈夫特也主张，名字与众不同还有几个潜在的好处呢。他表示，名字比较常见的人最常抱怨的一件事就是有太多人跟自己重名了。塞缪尔·高德温也持同样的观点。当听说一个朋友要给自己的儿子取名为“约翰”时，他马上就表示反对：“为什么要给他取名叫约翰？你也不看看，无论是姓汤姆的、迪克的，还是姓哈利的，他们都叫约翰！”泽亨哈夫特还指出，不同寻常的名字更容易让别人记住，他还拿几个著名的运动员做例子，说他们之所以那么出名可能就是因为他们有一个特别有个性的名字，或者名字至少是原因之一。就像《纽约邮报》的体育新闻记者在谈到奥克兰运动家队的投手维达·布鲁时所说的：“美国人很快就记住了这个名字。维达·布鲁！维达·布鲁这个名字就像芭比·鲁斯、泰·科布和莱夫迪格鲁夫一样顺口，一样好记。”

为了以更实际的方式探讨不寻常名字的潜在正面效应，泽亨哈夫特从《社交界名人录》（被誉为“全国上流社会最佳指南”）中随机选了2000个人，并找出了其中只出现过一次的名字，列出了一个218人的清单。随后，泽亨哈夫特又从同样的2000人中随机选出了218个人作为对照组，这些人的名字并没有什么特别之处。接下来，他查阅了《名人录》（该书收录了“各个领域最为杰出的男女”名单），想看看这些名字常见或罕见的人是否也名列其中。在泽亨哈夫特选出的436个人中，共有30人出现在了《名人录》里，其中有23人来自《社交界名人录》中的“罕见名字”组，只有7人来自“常见名字”组。简而言之，在特定的情况下，有一个不寻常的名字或许会对你的职业发展有利。

在有关名字对生活影响的研究中，研究人员的关注点并不仅仅局限于名字是否常见。纽约州立大学布法罗分校的布雷特·佩勒姆教授和他的同事们做了一项著名的研究，结果显示我们的名字或许会影响我们所选择的居住城镇、职业发展道路和结婚对象，甚至还有可能影响我们的政治倾向，比如支持哪个政党。

佩勒姆查阅了美国人口普查的大量资料，结果发现了一个奇特的现象：很多名叫佛罗伦斯的人住在佛罗里达州，很多名叫乔治的人住在乔治亚州，在肯塔基州和弗吉尼亚州，也分别有很多名叫肯尼斯和维吉尔的人。在另一项研究中，研究团队查阅了 6600 万美国人的社会安全死亡记录，这些人都死在以“圣”字开头的城市里，比如圣安妮、圣路易斯等等。他们同样看到了佩勒姆发现的奇特现象，有很多名叫海伦的人住在圣海伦市，很多查尔斯住在圣查尔斯市，很多托马斯住在圣托马斯市，诸如此类。进一步的分析发现，这种效应并不是因父母以出生地为孩子取名造成的，而是因为有很多人主动选择了到含有他们名字的城市或城镇定居。

那么，同样的效应是否会影响人们对结婚对象的选择呢？人们会不会更有可能与姓氏首字母和自己相同的人结为夫妻呢？为了找出问题的答案，佩勒姆和他的同事们查阅了 1823—1965 年期间的 1.5 万多份结婚记录。结果出现了非常有趣的现象，姓氏首字母相同的夫妻在总数中所占的比例远远高于预期。研究人员担心这种效应可能是同族婚配造成的结果（也就是说，特定族群的成员更有可能彼此结为夫妻，所以姓氏的首字母是相同的），于是重新做了一次研究，不过这次他们将关注的焦点放在了美国最常见的 5 种姓氏上：史密斯、约翰逊、威廉、琼斯和布朗。首次研究中看到的现象再一次出现了，比如说，姓史密斯的人更有可能跟另外一个史密斯结婚，而不是琼斯或威廉；而姓琼斯的人也更有可能对另一个琼斯说“我愿意”，而不是布朗或约翰逊。

佩勒姆的研究并不仅限于人们的姓名与他们选择的居住地点、死亡地点和结婚对象之间的关系。他还对姓名可能对职业选择造成的影响进行了研究。研究人员在线搜索了美国牙医（Dentist）协会和美国律师（Lawyer）协会的记录，结果发现很多牙医的姓氏都是以“Den”三个字母开头的，而不是“Law”。反过来，在律师当中，姓氏以“Law”三个字母开头的比例要比“Den”高得多。五金（Hardware）和屋顶修缮（Roofing）公司老板的资料也呈现出了类似的情况。研究团队利用雅虎的网络黄页搜到了美国最大的20个城市里所有的五金和屋顶修缮公司，并查看了这些公司老板的姓或名的首字母是不是“H”或“R”。结果显示，五金公司老板的姓名更有可能以“H”打头，比如说哈里斯（Harris）五金公司；而屋顶修缮公司老板的姓名更有可能以“R”打头，比如说拉希德（Rashid’s）屋顶修缮公司。在佩勒姆看来，这种效应甚至已经蔓延到了政治领域。在2000年的美国总统大选中，姓氏以“B”打头的选民特别喜欢把选票投给布什（Bush），而姓氏以“G”打头的选民更有可能支持戈尔（Gore）。在一篇名为《为什么苏西会在海边卖贝壳：隐藏的自我中心和人生的重大决策》（Why Susie Sells Seashells by the Seashore: Implicit Egotism and Major Life Decisions）的论文中，佩勒姆对研究结果进行了总结，他说我们或许不应该对这些效应大惊小怪，“那只不过表示我们都会被自己最爱的那个人所吸引罢了”。

佩勒姆的研究的确非常有趣，但除此之外，也至少为困扰心理学家数十年的一种效应做出了解释：为什么一个人的姓氏的含义通常是和其所选择的职业相匹配的？

1975年，纽约州立大学杰纳苏分校的劳伦斯·凯斯勒收集了一份200多人的名单，这些学者的研究领域都是跟他们的姓氏相关的。凯斯勒的名单中包括一位姓贝斯（Bass，意为“低音”）的水底考古学家、一位姓布里德洛夫（Breedlove，意为“培养爱情”）的婚姻关系顾问、一位姓迪尤（Due，意为“应付款”）的税务专家、一位研究女性外阴疾病的姓海曼（Hyman，与意为“处女膜”的Hymen一词非常接近）的医生，以及一位研究亲子教育压力的姓马姆帕沃尔（Mumpower，意为“妈妈的力量”）的心理学家。20 世纪 90 年代晚期，《新科学家》杂志请读者把自己生活中遇到的类似例子寄给杂志社，结果收获颇丰。读者提供的名单中包括音乐教师彼特（Beat，意为“拍子”）小姐和夏普（Sharp，意为“升半音的”）先生；英国气象局的工作人员弗勒德（Flood，意为“水灾”）、福斯特（Frost，意为“霜冻”）、桑德克利夫（Thundercliffe，意为“雷崖”）和韦瑟罗尔（Weatherall，意为“气象”）；性爱顾问卢斯特（Lust，意为“色欲”）；肺炎专家皮特·阿丘（Atchoo，意为“打喷嚏的声音”）；律师劳利斯（Lawless，意为“无法无天的”）和林奇（Lynch，意为“私刑”）；私人侦探怀尔和泰宾（Wyre & Tapping，意为“窃听电话”）；精神病院院长麦克纳特（McNutt，意为“喧闹的”）博士。在所有这些姓名中，我最喜欢的是《学生海岸指南》的作者约翰·费什（Fish，意为“鱼”）和苏珊·费什。

佩勒姆的研究显示，出现上述情况可能并不只是巧合，而是因为有些人在不知不觉中开始朝跟他们的姓名相关的职业发展。作为一名姓怀斯曼（Wiseman，意为“聪明人”）的心理学教授，我实在没有资格去质疑这种理论。

隐藏的说客

我们一出生就被赋予了一个名字，对于大部分人来说，这个名字都会陪伴他们一生。然而，其他一些影响我们思想和行为的因素却要更为隐蔽一些。有时候，可能只是简单的一句话、简短的一段音乐或者报纸上的新闻标题。

事实上，要改变一个人的思维模式、感觉和行为方式并不需要大费周折。最近，全球知名的学术出版物之一《人格与社会心理学期刊》刊出了两项研究成果，对这个概念进行了完美的阐释。

第一项研究是由纽约大学的约翰·巴格和他的同事们共同进行的。他们请参与者将一些打乱顺序的单词重新排列成语意连贯的句子。一半的参与者拿到的是一些与老年人有关的单词，比如说“man's was skin the wrinkled”（连成句子后为“The man's skin was wrinkled”，意为“这个男人的皮肤满是皱纹”）。另一半参与者拿到的也是同样的一组单词，只是把与老年人相关的单词换成了一个与年长无关的单词，比如说“man's was skin the smooth”（连成句子后为“The man's skin was smooth”，意为“这个男人的皮肤很光滑”）。参与者把拿到的单词组成句子后，实验者会对他们表示感谢，然后指引他们去搭乘最近的电梯。参与者会觉得实验已经结束了。事实上，实验最重要的部分才刚刚开始。第二位实验者此时正拿着秒表坐在走廊里。一看到参与者从实验室里走出来，这名实验者就会按下秒表，开始计算参与者穿过走廊走到电梯口所需的时间。结果发现，在刚才的实验中拿到与老年人相关词汇的人花的时间要明显多于排列句子时未看到与年长相关词汇的人。仅仅让“wrinkled”（满是皱纹的）、“grey”（花白的）、“bingo”（老年人常玩的宾果游戏）和“Florida”（退休后的老年人喜欢居住的佛罗里达州）之类的字眼在脑海中停留几分钟就能够完全改变人们的行为模式。在不知不觉中，那为数不多的几个单词就“增加”了他们的岁数，结果他们就变得连走路都像老年人一样缓慢了。

荷兰尼美根大学的艾波·狄克斯特霍伊斯和艾德·凡·尼蓬伯格也进行过类似的研究。他们请一些参与者花 5 分钟的时间写下几个句子，描述一下足球流氓的典型行为、生活方式和外貌；同时让另外一些参与者以同样的方式记下教授的典型特征。随后研究人员会请每名参与者回答棋盘游戏中随机给出的 40 个问题，比如：“孟加拉国的首都是哪里？”“1990 年的足球世界杯是在哪个国家举办的？”那些花费了 5 分钟时间思索足球流氓特征的人回答对了 46% 的问题，而那些思索教授特征的人回答对了 60%。在不知不觉的状态下，参与者正确回答问题的能力就发生了显著的改变，原因仅仅在于他们花了几分钟时间思索足球流氓或者教授的刻板印象。

这些研究成果都是在人为操控特点非常明显的实验室内得出的，那么，在现实世界中，同样的效应也会影响人们的行为吗？

美国人每年在餐厅里给付的小费总额高达 260 亿美元。你可能会认为给付小费的多少取决于餐厅所提供食物、饮料和服务的质量，但在全球范围内的酒吧和餐厅内进行的秘密研究显示，真正能够决定小费多少的是一些隐性因素。心情好坏在其中起着重要的作用。如果用餐者的心情非常愉悦，通常给付的小费也比较可观。在一项研究中，法国餐厅的服务生被要求在给客人呈上账单的同时附上一张卡片。卡片的一半内容是当地一家夜总会的广告，另一半则是一则小笑话：

一个因纽特人已经在电影院门口等了许久，可依然看不到女朋友的身影。此时，外面已经变得越来越冷了。又过了一会儿，这个打着哆嗦的因纽特人开始恼火起来，并从大衣里面拿出了一个温度计。接下来他大声说道："如果她在气温降到15℃之前还不出现，我可就真走了！"

那些看到这个笑话的顾客都给逗乐了，更重要的是，他们在给付小费时也变得慷慨多了。研究人员已经反复衡量过心情和小费数量之间的关系。如果服务生在账单底部画上一个笑脸或者写上一句"谢谢您"，或者面对顾客时露出明显的笑容，他们都会得到更多的小费。当外面阳光明媚时，甚至当服务生告诉他们外面阳光明媚时，人们都会给付较多的小费。其他一些研究还发现，如果服务生以名字而非姓氏介绍自己或者称呼客人，小费的数额也会大幅攀升。

此外，触摸的力量也不容忽视。在一篇名为《点金术：轻微触摸对餐厅小费的影响》的文章中，艾普瑞尔·克拉斯克解释说，她对两名女服务员进行了培训，教她们在给客人呈上账单的时候触摸客人的手掌或肩膀1.5秒钟。结果显示，与没有任何身体接触的情况相比，这两种短暂的触摸都会让客人多付一些小费，相对而言，轻触手掌的效果要比轻拍肩膀更好一些。

多给服务生或者酒吧招待一点儿小费是一回事，可是这种微妙的效应也能够让人们付出大笔的金钱吗？

20世纪90年代，来自得克萨斯科技大学的研究人员查尔斯·阿雷尼和大卫·基姆对这个问题展开了研究，他们在市区的一家酒品专卖店有计划地改变所播放的音乐。半数的顾客听到的是古典音乐，比如莫扎特、门德尔松和肖邦的曲子；还有半数的顾客听到的是流行音乐，其中包括弗利特伍德·迈克乐队、齐柏林飞艇乐队主唱罗伯特·普兰特以及拉什乐队的歌曲。研究人员把自己乔装成了清点存货的店内助理，借此观察顾客的各种行为，比如他们从酒架上拿下了多少瓶酒、他们是否阅读酒品的标签，更重要的是，他们最终买了多少瓶酒。观察的结果令人印象深刻。播放的音乐类型并不会影响人们在酒窖里停留的时间，也不会影响人们从酒架上所取下酒品的数量，甚至不会影响人们购买酒品的数量，但的确会对顾客行为的一个方面产生重要的影响，那就是所买酒品的价格。当播放古典音乐时，人们所选酒品的价格平均而言要比播放流行音乐时高出三倍。研究人员相信，听到古典音乐会让人们下意识地感觉自己变得高尚起来，从而促使他们去选购更为昂贵的酒品。

还有一些证据表明，类似的微妙刺激对人的影响甚至可能是生死攸关的。

社会学家罗格斯（吉米，而不是肯尼）对 1400 多首乡村音乐进行了分析，结果发现乡村音乐的歌词通常描述的都是消极的生活经历，其中包括暗恋、酗酒、财务困境、绝望、宿命论、怨恨和贫困。20 世纪 90 年代中期，韦恩州立大学的斯蒂文·斯达克和奥本大学的吉姆·冈拉克想知道持续接触悲观的主题会不会让人更容易自杀。为了找出问题的答案，研究人员分析了美国 49 个地区的自杀率和乡村音乐在全国性电台播放的数量。在排除了贫困、离婚和持有枪支等几个因素后，研究人员的确发现了两者之间的联系：电台播放的乡村音乐数量越多，自杀率就会越高。

这个研究结果可能听起来比较牵强，而且也有其他一些研究人员对此提出了质疑。不过，其基本前提却已经被诸多研究所证实：大众传媒的确会深刻影响人们的自杀决定，有关“维特效应”的研究就是一个很好的例子。

1774 年，约翰·冯·歌德出版了一本小说《少年维特之烦恼》。在书中，一位名叫维特的少年爱上了一位已订婚的女士。维特无法面对与心上人难相厮守的残酷现实，最终选择了饮弹自尽。该书出版后获得了巨大的成功。事实上，从很多方面来看，这本书的风头实在是太盛了，并引发了一系列模仿维特自杀的案件，结果导致该书在几个欧洲国家被禁止出版。1974 年，加州大学圣迭戈分校的社会学家大卫·菲利普决定研究一下媒体有关自杀事件的报道会不会引发现代版的“维特效应”。他首先查看了 1947—1968 年期间美国各地的自杀统计数据，结果发现，平均而言，每一桩成为头条新闻的自杀事件都至少与其他 60 起自杀事件有关。此外，后续事件中的自杀方式也大都与媒体报道中描述的方式相同或相似，媒体报道自杀事件的深度和广度也直接与后续自杀事件的数量相关。平均来说，在媒体披露自杀事件后的两周内，当地的自杀人数会增加 30% 左右，如果媒体报道的是名人自杀事件，这个比例还会更高。菲利普计算后得出，1962 年 8 月著名影星玛丽莲·梦露香消玉殒，全国的自杀率因此上升了近 12%。在菲利普的开创性研究之后，至少还有 40 篇科学论文谈到了这个话题，这促使某些国家出台了大众传媒指导意见，迫使记者不要以耸人听闻的方式报道自杀事件，也不要在报道中详细描述人们自杀所使用的方法。

菲利普的另一部分研究工作调查了电视上播放的拳击比赛和谋杀案发案率之间的关系。他仔细分析了美国各地每日的谋杀案发案率，结果显示，在电视上播放有名人参加的重量级拳击比赛一周后，谋杀案的发案率通常都会增加。此外，不仅拳击比赛的收视率与谋杀案的发案率之间存在着直接的关系，拳击手的种族背景也和谋杀案中的受害者密切相关。菲利普发现，如果一名白人拳击手被打败了，被谋杀的白人数量就会增加，但黑人受害者的数量没有改变。反过来，如果一名黑人拳击手被打败了，被谋杀的黑人数量就会增加，但白人受害者的数量没有改变。

所有这些研究结果让我们看到了一个简单的事实。我们的思维模式和感受在不知不觉中都会受到外在因素的影响。我们的名字影响了我们对自我的评价和对职业的选择。仅仅读一个句子就能影响我们对自身年龄的感觉和对常识的记忆。一个轻轻的微笑或轻微的触摸就能决定我们在酒吧和餐厅会给服务生多少小费。商店里播放的音乐会偷偷地溜进我们的脑海，并影响我们花钱的数量。那么，类似的奇怪“说客”是否也会影响我们看待他人的方式呢？比如说，它们会不会影响我们投票支持哪位政治人物，或者判断别人是否有罪呢？

以身高赢得选票

几千年前，与身材高大的人在一起无疑有进化上的优势，因为他们的体形在采集食物和对付敌人时都非常有利。虽然身高如今早已没有了任何体形上的优势，但进化过程中形成的思想在我们的脑海中依然是根深蒂固的。时至今日，我们依然会把个头高的人跟成功联系在一起；这种观念虽然是错误的，但却很有说服力，而且其影响力波及很多方面。

心理学家莱斯利·马特尔和亨利·比勒曾让大学生针对不同身高的人评估他们在心理和生理上的诸多特质。他们在《身高与污名》一书中阐述了实验的结果。无论男人还是女人，大家普遍觉得身高不足 5.5 英尺（约 1.67 米）的男人比较不正面，不够安全，不够阳刚，不太可能取得太大的成绩，而且能力也相对有限。就连我们使用的语言也反映出了身高的价值所在。我们会将自己特别看重的人称为“大人物”，还会说我们很“景仰”他们。当我们没钱的时候，就会说现金“短缺”了。

即便是在爱情和婚姻的世界里，身高也是至关重要的。利物浦大学的演化心理学家敦巴和他的同事们分析了 4000 多名健康波兰男子的数据，这些人在 1983—1989 年期间都接受了强制健康检查。他们发现，至今没有孩子的男性身高要比至少有一个孩子的男性矮 3 厘米左右。唯一的例外是那些在 20 世纪 30 年代出生的男性。敦巴相信这是因为他们都是在第二次世界大战后进入婚姻市场的，当时的单身男性相对较少，所以女性并没有太多的选择。

婚配与身高之间的这种关系似乎被全世界的人认同。20 世纪 60 年代，美国范德比尔特大学的人类学家托马斯·格莱格到巴西中部的热带雨林里跟当地的梅希纳库人共同生活了一段时间。即便是在如此偏僻的地方，身高也显得非常重要。在梅希纳库族群里，高个子被认为很有吸引力，而且被尊称为“wekepei”。身材矮小的人会被人看不起，被蔑称为“peritsi”，这个词与表示阴茎的“itsi”是押韵的。相对而言，占有身高优势的 wekepei 更有可能比较富有，掌握权力，参与重要的仪式，也有更多繁衍后代的机会。格莱格发现，身材较高的男性更有可能接触到较多的女性，在梅希纳库族群里，个子最高的 3 个男人交往过的女性数量竟然和个子最矮的 7 个男人的总和完全相同。

那么，身高对于职业也同样重要吗？看起来应该如此。20 世纪 40 年代，心理学家发现高个儿销售员的业绩要好于“海拔”相对较低的同事；1980 年展开的一项调查也发现，美国《财富》500 强公司的首席执行官中有超过一半的人身高不低于 6 英尺（约 1.83 米）。《应用心理学期刊》最近的调查也显示，在职场上，每一英寸身高都是至关重要的。盖恩斯维尔城佛罗里达大学的管理学教授蒂莫西·贾奇和他的同事丹尼尔·凯博分析了来自 4 项研究的数据，这些研究对调研对象的成长历程进行了长期追踪，并详细记录了他们的个性、身高、智力和收入。贾奇将关注的焦点放在了身高和收入的关系上，结果发现身高比平均水平每多出 1 英寸（2.54 厘米），就相当于每年的收入多出了 789 美元。假设有两个人能力相当，但第一个人的身高为 6 英尺，第二个人的身高仅为 5.6 英尺（约 1.71 米），那么前者每年就将比后者多赚 4734 美元。假设二者的职业生涯都延续 30 年，高个子就要比自己的矮个子同事多赚数十万美元。

研究人员也对身高在政界的作用给予了关注。在 43 位美国总统中，只有 5 位的身高低于平均水平，而且上次选出身高低于平均水平的总统已经是 100 年前的事了——1896 年，身高仅为 5.7 英尺（约 1.74 米）的威廉·麦金利当选为美国总统，被媒体戏称为“小男孩”。多数总统的身高都要比平均水平多出几英寸。罗纳德·里根身高 6.1 英尺（约 1.86 米），老乔治·布什和比尔·克林顿的身高则都为 6.2 英尺（约 1.89 米）。也有证据显示，有些候选人认识到了身高对于选民的重要性，所以巧妙地采取措施以充分利用身高上的优势。在 1988 年的总统大选辩论上，老乔治·布什握着迈克尔·杜卡克斯的手表示欢迎时刻意停留了很长时间，这显然是布什选举团队的经理精心策划的结果，目的就是让选民看清楚布什要比杜卡克斯高出不少。

从心理学上看，地位与身高的关系是相辅相成的。我们不仅会认为个头高的人更有能耐，而且还会觉得有能耐的人个头也会更高一些。如果发现好莱坞明星的身高低于平均水平，很多人都会感到非常惊讶，而这就是原因所在。比如说，达斯汀·霍夫曼身高只有 5.5 英尺（约 1.68 米），麦当娜的身高也仅仅为 5.4 英尺（约 1.65 米）。网站 www.celebheights.com（副标题：“在好莱坞矮人国里，使用内增高鞋垫的矮子称王”）致力于揭露名人的真实身高，所以经常会派一些已知身高的人去跟名人合影，以此准确地知晓名人的身高数据。作家拉尔夫·凯耶斯在《你的人生高度》一书中对很多演员体形不够高大的原因进行了推测。凯耶斯认为，比较矮小的人需要向别人展现自己强壮的一面，所以培养出了非常强烈的个性，希望能借此克服身高上的劣势。

身高与地位之间的这种关系带来了一种非常有趣的现象——如果一个人外在的地位改变了，人们对其身高的感知也会随之发生变化。昆士兰大学的心理学家保罗·威尔逊是第一个通过科学实验探讨这一奇特现象的科学家。威尔逊分别向几组学生介绍了一名学者，并请大家评估他的身高。

在学生不知情的前提下，威尔逊每次都会改变介绍的方式。他对一个班级的学生说这个人也是他们的同学，到了第二个班级时他说这个人是一名讲师。再后来这个人就变成了副教授，最后一次介绍的时候他就变成了教授。学生们对这个人身高的感知也随着他身份的改变出现了微妙的变化。当他们把这个人看作学生时，他们觉得他的身高大约是 5.8 英尺（约 1.77 米）。然而，仅仅把他说成是讲师就让他的身高增加了 1 英寸左右。把他提升为副教授后，这个人的身高在学生们的眼中就又增加了 1 英寸。在他迅速被提升为教授后，学生们竟然觉得他差不多有 6 英尺高。

1960 年，加州大学的哈罗德·卡萨扬拜访了 3000 名选民，问他们在即将到来的总统大选中会支持谁，肯尼迪还是尼克松？此外，他们认为两名候选人谁更高一些？事实上，肯尼迪要比尼克松高 1 英寸，然而，他们的选民可不这么看。尼克松的支持者中有 42% 的人表示尼克松比较高，但肯尼迪的支持者中仅有 23% 的人认为尼克松更高一些。20 世纪 90 年代初期，加拿大麦克马斯特大学的菲利普·海格姆和威廉·卡门特又做了另外一项更深入的研究。海格姆和卡门特请选民分别在大选前和大选后评估加拿大三大政党领袖（布莱恩·莫隆尼、约翰·特纳和埃德·布罗德本特）的身高。结果莫隆尼赢得了大选，他的身高在选民心目中也随之增加了半英寸。大选失利的特纳和布罗德本特的身高则分别下降了半英寸（1.27 厘米）和 1 英寸半（约 3.80 厘米）。

我在想有没有可能利用这种效应在选举前衡量选民对政治人物地位的感知。2001 年，我和《每日电讯报》的科学编辑罗杰·海菲德做了一次不寻常的政治观点民意调查。我们请 1000 名具有代表性的选民评估英国两大政党领袖的身高。依据两大政党总部提供的信息，当时的工党领袖托尼·布莱尔和保守党领袖威廉·海格的身高都是 6 英尺。但是选民们的看法却并非如此。

我们得出的结果跟哈罗德·卡萨扬在 1960 年得出的调查结果是相符的。我们发现，人们在评估他们支持的政党领袖和反对的政党领袖时是有偏差的。更多的工党选民认为布莱尔的身高应该不低于 5.9 英尺（约 1.80 米），同样的道理，更多的保守党选民则认为海格的身高不低于 5.9 英尺。简而言之，人们会觉得自己支持的政党候选人在身高上具有一定的优势。但是，我们的政治地位感知民调能够预测大选的结果吗？高达 64% 的选民觉得威廉·海格的身高要低于男性的平均身高 5.9 英尺，但只有 35% 的选民对托尼·布莱尔的身高持相同的看法。因此，选民认为布莱尔要更高一些，而海格是一个实实在在的小个子。

那么，2001 年大选的结果又如何呢？

托尼·布莱尔领导的工党获得了压倒性的胜利！

要是面相合适就好了

影响我们看待他人的奇特因素并非只有身高一项。

过去，我们的毛发可比现在要多。当我们还是猿人时，我们的脸上和身上都覆盖着浓密的毛发。然而，经过上万年的演化，我们的大部分毛发都已经退化了。至于为什么会出现这种情况，目前还存在较大的争议。有些研究人员认为，那是因为我们逐渐离开了阴暗的森林，而冒险到温热的大草原上居住，所以不再需要那么多的毛发保暖了。另外一些研究人员则认为，身体和脸部毛发的退化是为了降低滋生传播疾病的虱子和寄生虫的概率。可是，有些人选择了逆转进化，开始展现各种类型的脸部毛发——蓄须。然而，这么做已经不知不觉改变了周围人对他们的感知和看法。

1973 年，心理学家罗伯特·佩莱格里尼研究了脸部毛发对性格感知的影响。他设法找到了 8 个乐意为科学之名把满脸胡子刮个一干二净的年轻人。佩莱格里尼在理发师对他们的胡子下手之前给每个人拍了一张照片。接下来，在他们脸上只剩下山羊胡子和八字须的时候又拍了一张，在只剩下八字须的时候再拍一张，最后在胡子完全刮干净之后又拍了一张。佩莱格里尼请随机选出的几组人评估不同照片中的人个性如何。结果发现胡须越多，人们越有可能用阳刚、成熟、优越、自信和勇敢等形容词来描述照片中人的个性。佩莱格里尼表示："在每个刮净胡子的男人体内，或许都有胡子尖叫着想要冒出来。如果是这样的话，当前研究的结果就为这种需求提供了有力的理论依据。"

佩莱格里尼的研究可以说颇具深度，然而却忘了问一个很重要的品质：诚实。如果他问了，可能就不会得出那么积极正面的结论了。最近的调查显示，超过 50% 的西方民众认为不留胡子的男士要比满脸胡须的男人更为诚实可靠。很显然，胡子会让人跟动机不纯、刻意遮掩和糟糕的卫生习惯联系在一起。虽然留不留胡子跟诚实与否完全没有关系，但关于胡子的刻板印象在全世界范围内的影响都是巨大的。在《福布斯》富豪排行榜上高居前 100 名的人中没有一个留胡子的，从 1910 年开始，在美国总统选举中胜出的候选人中也没有一个留胡子的，或许这正是原因所在。

心理学家已就脸部特征对个性和能力感知的影响做过诸多研究，有关胡子的研究只是其中一个很细小的部分。

最近，普林斯顿大学的亚历山大·托多洛夫和他的同事们发表了一份研究报告，宣称脸部特征在人们的政治生涯中起着非常关键的作用。托多洛夫让学生们观看几组黑白的头部特写照片，照片上的人分别是 2000 年、2002 年和 2004 年美国参议员选举中的胜出者和落选者。托多洛夫请学生们针对每组照片指出其中的哪一个人更能胜任参议员。虽然学生们只是匆匆地扫了一眼这些照片，但他们的选择跟实际选举结果的吻合程度竟然高达 70%。不仅如此，依据学生观点的差异程度也能够比较准确地预测到选举结果。如果大部分的学生都觉得某组照片的某个人看起来最有能力，那么这个人显然就是在选举中胜出的那一位。如果学生们的观点存在较大的差异，那么就不太可能准确地反映出实际的选举结果了。

如果人们对于脸部特征的刻板印象能够影响投票箱内的选票的话，那么还有没有脸部特征显得至关重要的其他场景呢？比如说，这种对人脸特征的刻板印象会不会影响到人们在法庭上如何给被告定罪呢？

那么请问陪审团，这看起来像是冷血杀手的脸吗？

在第二章里，我描述了如何在罗宾·代伊爵士的帮助下做了我的第一个大众传媒心理学实验，当时的目的就是探讨撒谎的心理。3 年后，我又回到同一间演播厅做了第二个实验。这一次的实验规模更大，而且也比第一个实验复杂多了。这一次，我们想要看一看正义是否的确是盲目的。（译者注：原文为 justice is blind，本义为“正义不看人面”，作者在这里刻意将 blind 曲解为“盲目的”。）

这项研究的灵感来源于我偶然看到的盖瑞·拉尔森的漫画《远征》。漫画的场景是法庭，被告的辩护律师正在向陪审团慷慨陈词。律师指着被告说：“那么请问陪审团……这看起来像是冷血杀手的脸吗？”坐在被告席上的是一个西装革履的人，不过这个人的脸并没有出现，读者看到的只是一个典型的漫画式笑脸：两个黑点代表的是眼睛，一个凸向下方的半圆代表的是微笑时的嘴形。就像所有优秀的喜剧一样，拉尔森的漫画让我发出了源自内心的笑声，但随后也让我陷入了沉思。

陪审团要做的决定都是很严肃的，所以他们必须尽最大可能保持理性，这一点至关重要。我想如果通过实验的方式来测验一下这种所谓的理性肯定非常有趣。于是，在英国广播公司的王牌科技类节目《明日世界》的直播中，我们请观众来扮演陪审团成员。我们会播放一段模拟审判的视频，然后请观众确定视频中的被告是否有罪。观众可以通过拨打两个不同的电话号码进行投票。

不过，电视观众并不知道，我们已经把全国分成了两个大组。我们发现英国广播公司的节目是通过 13 个不同的发射器覆盖全国的。通常来说，这些发射器传输的都是相同的信号，所以全国电视观众看到的节目也都是一样的。然而，为了配合这次实验，英国广播公司专程为我们开了绿灯，让这些发射器传输两种不同的信号，从而将英国的电视观众一分为二，两组观众看到的也就是两种不同的节目。

被告被指控破门而入偷走了一台电脑，所有电视观众看到的犯罪证据都是一样的。然而，两组观众看到的被告是不同的。其中一个被告的脸部特征与人们通常想象的罪犯非常吻合——塌塌的鼻子和深陷的眼窝。另外一个被告的脸部特征则给人以清白无辜的印象——婴儿脸和清澈的蓝眼睛。为了确保实验不受其他因素的影响，两名被告穿的衣服是完全一样的，坐在被告席上完全相同的位置，而且都面无表情。

我们仔细拟定了法官的陈词，说明了被告为何被指控犯有入室盗窃罪，然而，法庭上出示的证据和出庭的证人都不能确凿地证明被告是否有罪。比如说，被告的妻子说案发时他正在一家酒吧里喝酒，但另一名证人说看到他在案发前 30 分钟左右就离开了酒吧。案发现场的脚印跟被告的鞋子非常吻合，但很多人都有那个牌子的鞋子。

节目播出后，我们焦急地等在电话机前，不知道到底能接到多少电话。很显然这个实验在观众中引起了巨大的反响。在做撒谎实验时，我们接到了大约 3 万个电话，但这一次，打进电话的观众人数至少是上次的两倍。在判断被告是否有罪时，公正、理性的观众只会关注证据。然而，实验结果证明，很多观众的判断都受到了被告脸部特征的影响。大约 40% 的人认为塌鼻子、深眼窝的被告有罪；只有 29% 的观众认为蓝眼睛、婴儿脸的被告有罪。很多人忽视了犯罪证据的复杂性，单凭被告的脸部特征就草草做出了自己的决定。

也许有人会说，电视演播厅里的模拟法庭相对而言具有非常明显的人为痕迹，所以才会出现上述效应。然而，事实并非如此。亚利桑那州梅西赫斯特学院的心理学家约翰·斯图尔特曾花费数个小时在法庭上评估真实被告的吸引力。他发现，对于外貌英俊的男人，法院的量刑要远远轻于那些犯有同样罪行，但长相不太有吸引力的人。

在《影响力》一书中，心理学家罗伯特·西奥迪尼将这项研究与一个极不寻常的实验联系在了一起，实验的目的在于探讨在监狱里对病人施行整形手术的后果。20 世纪 60 年代末，为了矫正脸部出现的损伤，纽约市监狱的一群犯人被施行了整形手术。研究人员发现，与没有接受整形手术的犯人相比，整过形的人再次犯罪入狱的可能性要小很多。罪犯所接受的改造看起来并不能防止他们再次作案，比如教育和培训。但外貌却好像能够解决这一切。实验结果引起了一些社会政策制定者的注意，他们表示，社会上的刻板印象是导致一些人屡次走上犯罪道路的原因所在，而改变其外貌特征是一种阻止他们再次作案的有效方式。这种说法或许是有道理的。不过，西奥迪尼却利用詹姆斯·斯图尔特获取的数据对实验结果做出了另外一种诠释。整形手术对于罪犯是否会再次作案可能并没有什么影响，只不过是外貌得到改善后意味着他们不太可能被投入监狱罢了。

好莱坞的隐性影响

研究显示，我们会把外貌和喜欢程度挂钩。每当看到一张有吸引力的面孔，我们都会不自觉地将其与一些正面的特质联系起来，比如热心、诚实和智慧。与丑陋的人相比，长相好看的人更有可能获得工作，得到的薪水也要高于与其能力相当的同事。

不过，这种不理性的效应到底源自何处呢？又为何会长期存在呢？有些研究人员认为，最应该受到责怪的就是好莱坞。来自北乔治亚学院的史蒂芬·史密斯和他的同事们决定对这种说法的真实性进行一番探讨。他们做了两个很有说服力的实验。在第一个实验中，他们收集了1940—1989年间每10年中位居票房排行榜前20位的卖座大片，然后请一组人观看这些大片，并从不同的维度上对片中有名有姓的角色进行评估，其中包括是否具有吸引力、品行是否端正、是否拥有聪明才智、待人是否友好，以及从此以后是否会始终与幸福相伴。这些人看了《生活多美好》《环游世界八十天》(1956年版)《巴黎最后的探戈》《阴间大法师》等经典名片，然后对其中的833个角色进行了特质评估。研究人员发现，大家会把长相上更有魅力的角色形容为更多情、更有道德感、更聪明，而且更有可能过上幸福快乐的生活。

这项研究结果非常有趣，却不能证明此种评判的确造成了刻板印象的出现。为了进一步加以探究，实验者又展开了另外一项研究。他们又选出了几部电影，其中有些是以刻板印象表现片中有魅力的角色，另外一些则不是如此。比如说，以伟大棒球选手卢·格里克的真实生活故事为主题的影片《洋基的骄傲》。片中格里克的扮演者是大帅哥加里·库珀，他成功地再现了格里克在棒球场上取得的辉煌成绩，以及在人生的巅峰阶段被病魔缠身但仍以坚强的毅力与命运抗争的感人故事。研究人员选择的对比影片是《桃李满门》，讲的是一位活力十足的年轻老师试图改造贫民窟问题学校的故事。片中女主角的扮演者是桑迪·丹尼斯，一位演技备受好评的女演员。不过，和加里·库珀等明星不同，丹尼斯并没有好莱坞偶像的出众美貌，而且说话的时候还有些结结巴巴的。

研究人员让几组人观看其中一部电影，并对影片的多个方面进行评价。然后问他们是否愿意帮忙再做一项研究。研究人员告诉他们，附近的一所大学需要找人帮忙对几位研究生进行资格评估，随后就给每个人发了一个文件夹。里面包括一名学生的简历和一张照片。事实上，所有的简历都是相同的，但随附的照片不同。有一张照片上的人比较好看，另一张照片上的人相对而言没有什么吸引力。那些刚刚看过《洋基的骄傲》这部影片的人给好看的学生打的分数非常高，但给另一位学生打的分数就特别低。经过对比，研究人员发现刚刚看过《桃李满门》这部影片的人在打分时并没有出现上述现象。仅仅观看一部电影就可以大大改变人们对他人的感知。虽然他们并未察觉，但电影中描述的刻板印象已经偷偷地潜入了他们的脑海中，并影响了他们看待别人的方式。这个实验只涉及了一部电影。由此我们不难想象，如果在一生中观看数千个同样有失偏颇的电视节目、广告和电影会对我们造成多大的影响。

如果你是比萨馅料，你会是什么口味

知道了外在因素对你的思想、感觉和行为有何影响后，你就可以利用这些信息打造自身的优势了。

目前，全球各地有数百万单身男女迫切想要找到自己的完美伴侣（在很多情况下，只要能为自己找个伴儿就行了）。好消息是的确存在现成的诀窍。多年来，研究人员一直在探究异性相吸的心理，希望能够以此帮助大家在交友时博得对方的好感。就像本书所描述的很多奇怪科学研究一样，这些研究并不是在实验室里进行的，而是在现实生活中，比如闪电约会的现场、征友广告中，以及下面即将提及的加拿大英属哥伦比亚省卡普兰诺河的吊桥上。

1974 年，心理学教授唐纳德·杜顿和阿瑟·阿隆在英属哥伦比亚省卡普兰诺河上方的两座桥上做了一项特殊的研究。其中一座是长达 200 英尺（约 61 米）左右的吊桥，吊桥的下面就是岩石林立的河床，另一座桥则要低得多，而且结构也更为坚固。女性研究人员扮作市场调查人员分别在每一座桥上拦住过桥的年轻男士，并请他们填写一份简单的调查问卷，随后研究人员会主动把自己的电话号码留给他们，告诉他们如果想进一步了解她的工作可以打电话联系。正如实验者所预料的那样，在高高的吊桥上被拦住的男士接受电话号码的比例相对较高，不仅如此，他们中也有更多的人后来的确给拦住他们的女性研究人员打来了电话。那么，为什么人们在卡普兰诺河上方所处的高度会与他们是否接受一位女士的电话号码及是否会给她打电话聊天相关呢？

在进行桥上实验之前，研究人员早已验证了几百年来人们的猜测。当人们看到对自己有吸引力的人时，他们的身体会准备随时采取可能的行动，所以心跳也会随之加速。杜顿和阿隆想要知道吸引力和心跳频率的这种关系反过来是否也能成立——人们的心跳越快，他们越有可能觉得某个人很有吸引力，所以才决定在两座不同的桥上做一个实验。和较低的那座桥相比，高高的吊桥那摇摇晃晃的特点会让采取这种方式过河的人心跳加速。当男士们在高高的吊桥上遇到女性市场调查人员时，他们会不自觉地认为自己的心跳加快是因她而起，而不是因为身处吊桥之上。结果，他们的身体会给大脑传递一个虚假的信号，让他们觉得这位女士很有吸引力，他们也因此更有可能想要这位女士的电话号码并真的给她打电话。这个实验不仅向我们展示了身体是如何欺骗大脑的，而且还给了我们的人生一个新的契机。有些学者认为，如果你想让一个人爱上你，在约会的时候最好避开新世纪音乐、乡间散步和风铃，因为它们只会让人变得更加心平气和。相反，如果你选择了和心仪的人一起去听摇滚音乐会、玩过山车或者看恐怖片，那么你成功的概率就大大增加了。心跳频率和吸引力之间的关系可以告诉你这些学者为什么会持上述观点。

杜顿和阿隆的实验只是众多探讨爱情和魅力心理的奇特实验之一。有些研究人员还对搭讪语这个颇为棘手的话题进行了探讨。

如果你真的想给潜在的约会对象留下深刻的印象，那么最有效的开场白是什么呢？网上搜来的那些话肯定帮不上什么忙。那些最常用的搭讪语很可能会带来适得其反的效果——“是不是这里太热了，还是因为有你在的原因”“如果我能够重新排列字母表，我就会把U（你）和I（我）排在一起”“我把自己的电话给弄丢了，能把你的借给我用用吗”。为了帮助人们找出最有可能吸引潜在约会对象的搭讪语，爱丁堡大学的研究人员请人们对各种不同类型的经典开场白进行了评估。

结果发现，直接以性为诉求——“嘿，宝贝，我可能不是什么猛男，但我保证可以让你在床上爽翻天”；或说恭维的话——“原来你就在这里，我一直都在苦苦寻觅你的踪影，我的梦中女孩”，可能没有太大的效果。事实上，这些话一点儿效果都没有，研究人员真不明白它们是如何流传至今的。经过苦苦思索，他们得出了结论：这些话可能是“男人用来寻找性开放女人（比如说妓女）时用的”。相反，如果搭讪语能够让对方觉得你比较机智、开朗、富有和有文化涵养，其效果就会明显多了。这项研究的结果听起来可能很有道理，不过研究人员也承认，在匿名的调查问卷上圈选“是的，这是一个不错的搭讪语”是一回事，但在现实生活中对不同搭讪语的反应可能又是另外一回事。

最近，我和爱丁堡国际科学节以及学术同人詹姆斯·赫安合作，共同探讨哪些是寻找一生相伴的爱人时最有效的搭讪语和聊天话题。这项研究是围绕一个规模很大的闪电约会活动展开的。

在举办活动的几个月前，我们在媒体上公开征求愿意参加魅力诱惑科学研究的单身男女。结果大约有500人报名，我们采取随机抽选的方式将 100 人（男女各 50 人）邀请到我们的爱情实验室。

闪电约会将在爱丁堡历史最为悠久而且最富丽堂皇的酒店内举行，会场设在无比华丽的大宴会厅。活动开始后，我们选出的 100 名嘉宾陆续进场，并随机在五张长桌子旁边落座。男士全部坐在桌子的一侧，女士则坐在相对的另一侧，五张桌子均是如此。我们请四张桌子的人在整个闪电约会过程中只谈论特定的话题。我们选择了四种最常见的话题：爱好、电影、旅游和图书。剩下的第五张桌子是我们的对照组，我们允许那一桌的嘉宾随心所欲地谈论他们感兴趣的任何话题。当卡罗尔·金的经典情歌响起的时候，我们请所有人开始跟坐在自己对面的人交谈。三分钟后，时间到，我们请大家对刚才的交谈对象进行评估。他们觉得对方的外形有吸引力吗？两人之间的“化学反应”处于什么样的水平？他们多快做出了决定？最重要的是，他们还想跟对方见面吗？一小会儿之后，所有人更换交谈对象，然后重复刚才的步骤。两个小时后，每个人都完成了十次闪电约会，实验也宣告结束。活动组织得非常成功，事后有很多人相约去酒吧继续聊天。有些人彼此交换了电话号码。还有些人有了更进一步的交往。

第二天，我们把 1500 多页的数据输入到了一张总的数据表中。每当看到有两个人都表示愿意再跟对象见面时，我们就把彼此的电话号码发给他们。参与活动的嘉宾中大约有 60% 的人至少拿到了一个人的联系方式。有些人的表现非常出色，其中有 20% 左右的人拿到了四个人的联系方式。统计数据显示，女士在活动中表现得要更为挑剔一些。然而，在当晚的活动中表现最出色的男士和女士的成功率都是100%，所有跟他们交谈过的人都希望能够再次见到他们。

不同的聊天话题也被证明会带来不同的约会成功率。谈论的话题是电影时，期望再次会面的人还不到总数的9%，但谈论的是旅游这个最热门的话题时，这个比例就升到了18%。至于为什么期望坠入爱河的人应避免谈论电影，研究中得到的其他数据可以提供一些线索。在当晚的活动开始之前，我们已经请所有人列出了他们所喜欢的电影类型。结果显示，男人和女人的品位存在很大的差异。比如说，49%的男性喜欢看动作片，但喜欢此类影片的女性仅为18%。29%的女性喜欢歌舞片，但喜欢此类影片的男性仅为4%。在现场走动的过程中，每当走过谈论电影的那一桌，总能听到人们在争论。相反，有关旅游的话题总是离不开美好的假期和梦寐以求的目的地，这些话题会让大家感觉很好，因而也让彼此都感觉对方很有吸引力。

统计数据还透露出另外一些令人惊讶的信息。虽然一般认为男人比较肤浅，会迅速对女人做出定论，但我们的研究发现，女性下定决心的速度竟然比男性还要快，45%的女性在30秒以内就做出了决定，但只有22%的男性那么快就下定决心。很显然，男性只有几秒钟的时间给一位女性留下深刻的印象，所以有效的开场白对于男性来说就更为重要了。

为了找出最佳的搭讪语，我们对比了分别被大家评为很棒和很糟糕的谈话内容。失败者通常会选那些老生常谈的开场白，比如说，“你经常来这儿吗”或者试图用“我有计算机博士学位”或“我有一个朋友是开直升机的”之类的话题吸引对方的注意力。在搭讪时更有技巧的人则会鼓励对方以奇特、有趣或搞怪的方式谈谈自己。实验中人气最旺的男女主角所使用的开场白中给人印象最为深刻的两句也刚好印证了这一点。最受欢迎的男士说的是：“如果让你参加《明星模仿秀》节目，你会模仿谁？”而最受欢迎的女士说的是：“如果你是比萨馅料，你会是什么口味的？”

为什么第二种搭讪方式如此有效呢？这个问题的答案就存在于一个有关吸管和滑稽声音的奇特实验中。

2004 年，纽约州立大学石溪分校的心理学家阿瑟·阿隆（就是 1974 年在桥上做实验的那一位）和芭芭拉·布鲁克把陌生人随机配对，然后让他们做出两个略显奇怪的举动。第一种情况是这样的：一个人被蒙上双眼，而另外一个人在嘴里含一根吸管（这会让他们的声音变得非常好笑）。然后两个人合作，完成一些让他们发笑的任务。嘴含吸管的人会发出指令，而被蒙上双眼的人则要依据指令学会一系列的舞步。另一个在实验室里进行的搞笑实验则要求两个人用自编的语言表演他们最喜欢的电视广告。我们另外设计了一种用于对比的情况：没有人被蒙上双眼，也没有人嘴含吸管。在学习舞步的时候也不需要听滑稽好笑的声音指令。表演电视广告时也不再使用自编的语言，而是用英语。最后，研究人员请大家填写调查问卷，描述一下他们从实验中获得了多少乐趣。结果显示，蒙上双眼、嘴含吸管和滑稽的自编语言可以带来更多的乐趣。接下来就是最重要的问题了。研究人员请所有参与者画两个互相重叠的圆，以表示他们彼此在活动中所感受到的亲近程度。结果发现，彼此分享过搞笑经历的人会觉得更为亲近一些，也会发现对方更有吸引力。

闪电约会中最为成功的搭讪语就好比在你的嘴里放一根吸管，这样可以让你的声音变得比较滑稽，也因而让彼此得以共享一段搞笑的经历，而这无疑有助于增强彼此之间的亲近程度和吸引力。

“要求最低的人寻找女友”——征友广告的心理

请设想一下你要写一份征友广告。你觉得什么样的措辞能成功地吸引到最大数量的回应呢？这就是我们的魅力诱惑科学研究所探讨的另一个主题。

我们请所有参加闪电约会实验的人写一则 20 个单词左右的简短征友广告。随后我们把这些征友广告拿给 100 多位男性和女性去看，并请他们说明有可能回应哪些广告。调查结果为至今无人探讨的广告层面提供了重要线索。

此前的征友广告研究已经探讨过男性和女性最希望寻找什么类型的意中人。研究结果并没有太多令人大吃一惊的发现。男性通常倾向于寻找外貌出众、通情达理和热爱运动的女性。而女性普遍喜欢的理想对象是体贴、幽默且情绪稳定的男性。我决定用一种不同的方式来研究这个问题。

我仔细阅读了我们收集到的征友广告，结果发现了一些比较奇怪的地方。每个人在描述自己时所使用的字数存在很大的差异，但在描述理想对象时使用的字数相差不大。那么，到底哪一种更有可能吸引最多人回应呢？是详细描述自己的广告，还是详细描述对方的广告？

为了找出问题的答案，我数了数每个人用于描述自己的字数和用于描述理想对象的字数。随后我用这两组数字算出了一个“自己对他人”的比例。最极端的情况是在广告中只说想找什么样的异性，而几乎不谈自己的情况，我将这类广告称为“一切都是你”型，举例如下：

深色头发，27 岁。希望对方亲切、浪漫、积极主动、会关心人，且愿意冒险。我们可以告诉别人我们是在超市认识的！

比较中庸的广告是用大概相同的字数形容自己和形容理想的对象，我将这类广告称为“关于我们俩”型。举例如下：

一个随和的人，富有幽默感，喜欢运动、旅游、浓咖啡、外出就餐；寻找有创意、风趣、阳光、快乐、有魅力的女孩共度漫长的夏夜。

另一种极端的广告将焦点全部放在了自己身上，我将这类广告称为“一切都是我”型。举例如下：

聪明、风趣、喜欢健身、不抽烟，歌手兼词曲作者，喜欢看侦探片、搞笑片和美式喜剧，喜欢在阳光明媚的沙滩上漫步。

接下来，我查看了每则广告与愿意回应此广告的人数之间的关系。结果非常明显。只有很少的人表示会回应“一切都是你”型的广告。“一切都是我”型广告的表现相对好那么一点儿，但也没有吸引到太多的回应。只有相对中庸的“关于我们俩”型广告被证明是最成功的。结果显示，如果将“描述自己”和“描述对方”的字数控制在 7∶3 的比例，就有可能吸引到更多的回应。如果广告中“描述自己”的字数超过了 70%，你可能会被认为太自我。如果此类描述不足 70%，则比较容易令人生疑。

研究中两个最受欢迎的征友广告都基本符合 7∶3 的比例。45% 的男性表示他们会回应下面这则最受欢迎的女性征友广告：

诚恳、有魅力、外向型职业女性，富有幽默感，喜欢健身、社交、音乐和旅行。希望能找到志同道合、性格和善的男性共度美好时光。

同样的道理，大约有 60% 的女性表示她们会回应下面这则最受欢迎的男性征友广告：

富有幽默感的男人，喜欢冒险、运动、烹饪、喜剧、文化和电影；诚寻直爽、风趣的女性聊天，可能的情况下愿意进一步交往。

我们的研究还为渴望写好征友广告的人士提供了另外一个诀窍。我们询问了参加实验的 100 名嘉宾，请他们评估哪些广告最有可能吸引到异性的回应。结果显示，男性和女性有截然不同的反应。

首先，让我们看一看男性所写的征友广告。我们统计了女性表示会回应每则广告的比例和男性认为女性会回应的比例，并对两者进行了比较。其中的一则广告如下：

身材高挑、喜欢运动的男人，追求时尚，富有幽默感；寻找苗条或中等身材、富有幽默感且喜欢汽车、音乐、服饰和拥抱的女性。

大约 11% 的女性表示她们会回应这则广告。有趣的是，男性表示他们觉得应该有 15% 的女性会回应这则广告，相对而言这还是一个非常准确的预测。让我们再来看一则广告：

高大且富有活力的男性，爱幻想，但也脚踏实地。希望遇到风趣、积极且不怕挑战的女性。

这一次，有 39% 的女性圈选了“会”这个选项。男性的预测相对而言依然非常准确，他们认为应该有32%的女性会回应这则广告。我们继续分析每一则男性征友广告，结果发现男性总能准确地预测到有多少女性会觉得某则广告比较有吸引力以及哪些广告是女性会回避的。总体而言，男性预测的准确度平均高达90%。

但到了让女性预测男性的行为时，情况就变得大不相同了。请看下面这则由女性撰写的征友广告：

聪明可爱，鬼灵精怪，喜欢美食、美酒，喜欢有人陪伴的职业女性；寻找高大、黝黑、英俊、机智和体魄健壮的男性。

事实上，这则广告对男性没有什么吸引力。只有5%的男性表示他们会回应这则广告。然而，女性却认为这则广告绝对能吸引男人的眼球，她们预测应该有44%的男性会回应这则广告。让我们再看一则广告：

随和、乐观、友善的女性，喜欢休闲放松、开怀大笑和探索世界，想要和你一起彻夜跳舞！

这一次，女性依然认为这则广告对于大多数的男人都很有吸引力，可她们又错了。只有22%的男性表示他们会回应这则广告。

对剩余广告的对比也呈现出同样的结果。看起来女性根本不知道到底什么能够吸引男人。那么，女性的预测为什么如此不准呢？或许从女性在调查问卷中表露出来的一些看法就可以看出端倪，她们认为男性只对女性的身体特质感兴趣。我们不止一次在问卷中看到这样的评论："他们只对一件事情感兴趣""只对两件事情感兴趣"。我们的研究结果显示，男性可能并不像女性想象的那么肤浅。无论如何，对于使用征友广告的女性来说，这项研究的寓意非常简单：如果你想要吸引到足够多的追求者，那就找名男士帮你写份征友广告吧！

第5章
以科学的方式搜寻全球最爆笑的笑话
——幽默心理学

离奇的国际性调研如何揭秘男女笑点的差异？

笑口常开与长命百岁有什么关系？

为什么职业喜剧演员看起来总那么可笑？

鼬鼠真的是世界上最好笑的动物吗？

20 世纪 70 年代，搞笑电视节目《蒙蒂·派森之飞行的马戏团》围绕寻找全球最爆笑的笑话创作了一幕短剧。该剧的场景设在了 20 世纪 40 年代，一个名叫欧内斯特·史奎伯勒的男子想到了一个笑话，并把它写了下来，结果他当场就笑死了。这则笑话实在是太可笑了，每一个看到它的人都丢掉了自己的性命。最后，英国军方意识到可以把这则笑话当作致命的武器，于是找了一群人把它翻译成德语。为了不让翻译团队受到笑话的影响，每个人每次只能翻译其中的一个单词。后来他们把笑话念给了德军听，德军听后也爆笑不已，以至于根本无法再继续战斗了。短剧以签署《日内瓦公约》的会议结束，与会代表一致投票决定禁止使用笑话作战。

2001 年，我把艺术搬到了现实世界，领导一个团队进行了长达一年的科学研究，目的就是寻找世界上最好笑的笑话。我们并没有探讨将笑话用于军事目的的可能性，而是想从科学的角度研究笑话的笑点所在。

除了寻找最吸引人的笑话之外，我的搞笑研究项目还衍生出了一系列离奇的经历，其中涉及美国幽默作家戴夫·巴里、一套巨大的小鸡服装、好莱坞演员罗宾·威廉姆斯，以及 500 多个以“有只鼬鼠在不停地咬我的私处”结尾的笑话。

更重要的是，该项目还为当代幽默研究人员所面临的诸多问题提供了值得考虑的见解。能够让男人和女人发笑的笑话是否并不相同？来自不同国家的人都会觉得同一件事情很好笑吗？我们的幽默感会随着时间而改变吗？如果你要讲一个有关动物的笑话，你会让哪种动物变成笑话的主角，一只鸭子，一匹马，一头牛，还是一只鼬鼠？

小鸡为什么要过马路

2001 年 6 月，曾委托我研究金融占星学的权威科学团体英国科学促进会又找到了我。为期一年的全国性科学庆祝活动急需一个大型的实验项目作为亮点，而且该项目还必须能够吸引公众的注意力。他们问我对此是否有兴趣，如果我来做的话，这次会选什么项目来试验。

我苦苦思索许久，也没有想出什么好的点子。一个偶然的机会，我看到了重播的《蒙蒂·派森之飞行的马戏团》，于是开始考虑是否有可能真正去寻找全球最爆笑的笑话。我知道这个项目有扎实的科学基础，因为许多全球最伟大的思想家都针对幽默写过大量的文章，其中就包括弗洛伊德、柏拉图和亚里士多德。事实上，哲学家路德维格·维特根斯坦特别着迷于这个主题，他甚至说过哲学界应该为笑话专门做一次全面而详尽的研究。随后我发现，每当我提到这个想法的时候，都会在人群中引发热烈的讨论。有些人怀疑是否真的存在世界上最爆笑的笑话。另外一些人则觉得不可能通过科学的方式分析幽默。不过，几乎所有人都非常热心地把他们最喜欢的笑话讲给我听。这个想法能够以罕见的方式将科学性和公众的兴趣点结合起来，所以我感觉值得好好研究一番。

于是我拟定了一个基于互联网的国际性研究项目方案提交给了英国科学促进会，并将其命名为“笑话实验室”。我将会设立一个网站，该网站分为两大部分。在第一部分，人们可以在线输入他们最喜欢的笑话，然后提交至档案库。在第二部分，人们需要先回答几个与个人信息有关的简单问题（比如性别、年龄和国籍等），然后评估从档案库中随机选出的一些笑话到底有多好笑。在为期一年的时间里，我们将能够逐渐建立一个庞大的档案库，而且能够采集到全球各地网民对不同笑话的评分。有了这些数据，我们就能够以科学的方法找出让不同的人发笑的因素，以及到底哪一个笑话能够让全世界都乐开怀。英国科学促进会对我提交的方案表示认可，于是“笑话实验室”一路绿灯地顺利上线了。

这个项目要想取得成功，必须得说服全球各地成千上万的人访问我们的网站并积极参与其中。为了扩大影响，我和英国科学促进会在发布“笑话实验室”之际拍了一张引人注目的照片。这张照片基于据说是全世界最著名的笑话（后面我们会用科学的方式证明这个笑话其实一点儿都不好笑）拍摄：“小鸡为什么要过马路？为了到对面去。”2001 年 9

月，我穿着白大褂站在马路中间，手里拿着一个有纸夹的写字板。站在我旁边的是一个身穿超大号小鸡服装的学生。好几家全国性报纸的摄影记者排在我们面前猛拍照片。当时的场景我依然记忆犹新，其中一名记者抬起头来大声喊道："装扮成科学家的家伙能站到左边去吗？"我大声回答他说："我就是科学家。"然后有点儿窘迫地看了看站在我旁边的巨型小鸡。在接下来的 12 个月里，我经常会遇到这种超现实的情形。

网站的发布非常顺利，"笑话实验室"很快就上了全球各地的报纸和杂志。网站正式上线后的几个小时内，我们就收到了 500 多个笑话和 1 万多个评分。随后我们遇到了一个严峻的问题。很多笑话看起来有点儿粗俗，事实上，我这么说还是太委婉了，那些笑话完全可以用猥亵下流来形容。其中有一个笑话给我们留下了深刻的印象，这个低俗的笑话中出现了两名修女、一大串香蕉、一头大象和小野洋子。我们根本无法知道谁会访问我们的网站并给档案库中的笑话打分，所以不能允许此类的笑话入库。网站上线的第一天我们就积压了 300 多个来不及处理的笑话，很显然我们需要有专人对这些笑话进行审查。我的研究助理艾玛 · 格林宁把我们从这个困境中拯救了出来。在接下来的几个月里，艾玛每天都仔细阅读网民提交的每一则笑话，并把那些不适合全家人共赏的笑话拦在档案库之外。不过，艾玛也会时常感到比较郁闷，因为她会一再地看到同一则笑话，其中有一则低俗的笑话竟然被提交了 300 多次。不过，她也因此有了一个额外的收获，那就是拥有了世界上最大的下流笑话库。

网民对笑话的评分共分五个级别，从"不太好笑"到"非常好笑"。

为了简化分析过程，我们将评分为四级和五级的笑话全部归类为“是的，这个笑话很好笑”，然后再把所有归入此类的笑话按评分人数的多少进行排列。如果某则笑话的确不是那么好笑，很可能就只有1%~2%的人将其评为四级或五级。相反，那些真正令人捧腹的笑话肯定会吸引更多的人给出高分。到第一周结束的时候，我们查阅了其中一些排名领先的笑话。其中的大部分笑话都非常糟糕，所以并没有太多的人给出较高的评分。即便是排在前几位的笑话，将其评为四级或五级的人数也未达到50%。大约25%~35%的参与者认为下面这几则笑话比较好笑，所以它们成了第一周排行榜的前四名：

一位老师心情不好，所以决定拿她班上的小朋友出气，于是说：“觉得自己很笨的学生，起立！”过了几秒钟，只有一个小朋友慢慢地站了起来。这位老师看着这个孩子问道：“你觉得自己很笨吗？”

“没有……”小朋友回答说，“……我只是不愿意看到你一个人站在那里。”

你听说过有人因为在30分钟内完成了拼图而沾沾自喜吗，原因就在于包装盒上写着“五到六年”？（译者注：其实是“五岁到六岁”的意思。）

得克萨斯人：你打哪儿来？

哈佛大学研究生：我来自一个讲话不会以介词结尾的地方（译者注：得克萨斯人的问题是以介词from结尾的）。

得克萨斯人：好吧。你打哪儿来，蠢货？

一个白痴沿着河往前走，然后发现河对面有另外一个白痴。第一个白痴冲第二个白痴喊道："我怎么才能到对面去？"第二个白痴马上回答说："你已经在对面了！"

名列前茅的这几则笑话有一个共同点：它们都让读者产生了一种优越感。这种感觉的出现是因为笑话里的人看起来很愚蠢（比如拼图的人）、会对一种显而易见的情景产生误解（比如河对面的白痴）、嘲讽另一个狂妄自大的人（比如得克萨斯人回复哈佛大学研究生的话）或者让掌握权力的人看起来很可笑（比如老师和小朋友）。关于喜剧和悲剧的区别有一个著名的说法："如果是你掉进了没盖盖子的下水管道检修孔，那就是喜剧。不过，如果掉进去的是我……"我的这些发现刚好为这种说法提供了实验上的支持性证据。

当人们感到有优越感时就会发笑，这一点可不是我们首先发现的。大约在公元前400年，古希腊学者柏拉图在其名著《理想国》中就提到了这种理论。"优越性"理论的支持者认为，笑源自露齿的动作，就像是"古代丛林决斗中胜利者的吼声"。正是由于笑与动物性和原始性有关，所以柏拉图不太爱笑。他认为取笑别人的不幸是错误的，而开怀大笑是一时失控的表现，会让我们看起来有失人样。事实上，这位现代哲学之父非常担心笑对道德品行的潜在破坏，所以建议人们尽量少看喜剧，而且永远不要演这类低俗的戏剧。

古希腊思想家亚里士多德后来写的文章也呼应了柏拉图的观点。遗憾的是，我们只能间接地从一些参考资料中看到亚里士多德对笑的看法，因为他的原始论述早已年久失传（翁贝托·埃科所著《玫瑰的名字》的核心思想就来自亚里士多德）。亚里士多德认为，很多成功的小丑和喜剧演员就是通过为我们营造出一种优越感而把我们逗笑的。支持这种理论的证据是很容易找到的。在中世纪，侏儒和驼背的人给大家带来了很多的欢乐。在维多利亚时代，人们会取笑精神病院的患者和畸形秀中的怪胎。1976 年的一项研究表明，当要求人们用几个形容词来描述喜剧演员时，他们通常会想到"肥胖的""畸形的"和"愚蠢的"等词。

"优越性"理论也可以用来解释我们为什么会取笑某个群体。英国人向来喜欢讲爱尔兰人的笑话，美国人喜欢取笑波兰人，加拿大人总拿纽芬兰人开涮，法国人总爱嘲讽比利时人，而德国人调侃的对象是本国的奥斯特弗里斯兰人。在任何一种情况下，都是一群人把自己的快乐建立在另外一群人的痛苦之上。

1934 年，伍尔夫教授和他的同事们发表了"优越性"理论的首个实验研究成果。研究人员分别请犹太人和非犹太人评估各种笑话的可笑程度。为了尽量控制笑话的呈现方式，研究人员把所有的笑话印在了一条长 140 英尺（约 43 米）宽 4 英寸（约 10 厘米）的布上，然后以固定的速度把长长的布条从实验室墙上的开孔里穿过，确保每位参与者一次只能看到笑话中的一个单词。每则笑话的结尾处都会印上一个星号。只要一看到星号，参与者就必须喊出他们觉得刚看到的笑话有多好笑。笑话的好笑级别介于 −2（非常无趣）和 +4（非常幽默）之间。正如亚里士多德和柏拉图所预测的那样，非犹太人会觉得贬损犹太人的笑话更可笑一些，而犹太人更喜欢贬损非犹太人的笑话。实验的另一部分是探索有关对照组——贬损苏格兰人的笑话对于犹太人和非犹太人来说是不是一样好笑。研究人员向参与者呈现了一系列贬损苏格兰人的笑话，比如下面这则经典笑话：为什么苏格兰人高尔夫打得那么好？因为他们意识到了击球的次数越少，球的损耗也就越少。结果惊奇地发现非犹太人比犹太人更觉得这则笑话好笑。开始的时候，研究人员在想是不是因为非犹太人更有幽默感，后来意识到选择贬损苏格兰人的笑话作为对照组实在是不明智之举。犹太人和苏格兰人都经常被人当作笑话中的“吝啬鬼”，这让犹太人对苏格兰人产生了同情心理，所以他们会觉得嘲讽苏格兰人的笑话并不好笑。很显然，参与这种具有开创性的研究对于人们来说并非易事，有些参与者抱怨说，很多笑话他们早就听过多次了，有一个人甚至表示，他宁可遭受电击也不愿意再听什么一句话幽默了。

如今，研究人员已在致力于克服这个问题，他们的研究成果也帮助扩充和优化了“优越性”理论。

现在我们已经知道，笑话带给人的优越感越强烈，人们就会笑得越开心。如果一名残疾人踩到香蕉皮上滑倒了，大部分人都不会觉得好笑，但如果把残疾人换成交警，那几乎每个人都会马上笑出声来。这个简单的道理解释了为什么很多笑话都是拿当权人物开涮的，比如政客。脱口秀节目主持人大卫·莱特曼的经典调皮话就是一个鲜明的例子：“路上塞车太严重了，我使劲挤过的空间竟然比克林顿对‘性’的定义还要窄。”或者法官和律师：“你把智商只有10的律师称作什么？律师。那么智商为15的律师呢？法官大人。”那些坐在权力宝座上的人通常并不明白这些笑话为什么好笑，而且还会把它们当作对其权威性的真实威胁。希特勒就特别在意幽默的可能影响，并因此设立了“第三帝国笑话法庭”，以惩罚那些使用幽默不当的人，比如说把自己的宠物狗起名为“阿道夫”（希特勒的名字）的人。

有些研究人员认为，这类笑话可能会带来非常严重的后果。1997年，威尔士卡迪夫大学的心理学家格里高里·麦欧和他的同事们探讨了优越性笑话会如何影响人们对嘲讽对象的感知。研究项目是在加拿大进行的，所以笑话中的“笑柄”基本上都是经常被加拿大人丑化为笨蛋的纽芬兰人。在实验开始前，研究人员把参与者随机分为了两组。每一组的人都被要求录制一套笑话，研究人员宣称实验的目的是帮助确定声音的质量，看不同的声音会不会听起来很好笑或很不好笑。其中一组人看到的笑话都不以纽芬兰人为嘲讽对象（比如《宋飞正传》里面的素材），而另一组人看到的则是取笑纽芬兰人的笑话，比如下面这则经典笑话：“我的一位纽芬兰朋友听说妇女每分钟产下一个孩子时，他觉得是时候让这位妇女停下来了。”随后，研究人员让每名参与者谈一下他们觉得纽芬兰人都有哪些性格特质。与刚刚看过《宋飞正传》素材的人相比，看到贬损纽芬兰人笑话的人会觉得纽芬兰人更笨拙、更愚蠢、更没脑子，反应也更迟钝。

正如人们所担心的那样，其他研究工作发现，优越性笑话也会对人们的自我感知产生戏剧性的影响。德国布莱梅国际大学的杰恩斯·弗斯特最近对 80 名头发颜色各不相同的女性进行了智力测验。他让半数参与者看了几则嘲讽金发女郎比较弱智的笑话，然后对所有人进行智力测验。结果发现，刚看过那几则笑话的金发女郎在得分上要明显低于那些未看到笑话的金发女郎，这意味着笑话能够影响人们的自信和行为，从而导致笑话成真。

“笑话实验室”上线后不久，我们就看到了“优越性”理论的影子，它是通过长久以来的性别之争呈现出来的。25% 的女性认为下面的这则笑话非常好笑，但持同样观点的男性仅为 10%。

丈夫站到了一个号称可以测量运气与体重的投币式体重计上，投进去一枚硬币。随后他拿到了一张白色的小卡片，“听听这个，”他朝自己的妻子喊道，“卡片上说我精力充沛、足智多谋，是一个很棒的人。”“没错，”妻子点了点头说，“别忘了，它也把你的体重搞错了。”

男性和女性对这则笑话的评价之所以存在差异，一个很明显的可能性就是被嘲讽的是一名男性，所以才会有更多的女性觉得好笑。然而，这或许并不是唯一可能的解释。比如说，也可能是因为女性通常都会觉得笑话比较好笑。有人做过长达一年的研究，分析了 1200 个日常对话中出现的笑话，结果发现，当一名男性讲一则笑话时，71% 的女性都会被逗笑，如果换成一名女性去讲，却只有 39% 的男性会笑出声来。为了确定到底哪一种诠释才是正确的，我们从笑话实验室的档案库里找出了一些取笑女性的笑话，比如下面的这一则：

一名在高速公路上开车的男人被警察拦了下来。警察问他：“你知道自己的老婆和孩子在1英里（约1.61千米）外就已经掉到车外了吗？”这个男人的脸上露出了开心的笑容，同时回答说：“感谢上帝！我刚才还以为自己聋了！”

平均而言，15%的女性会觉得嘲讽女性的笑话好笑，但持同样观点的男性却高达50%。这些笑话的评分充分说明，“优越性”理论的确可以解释让男性和女性发笑的东西有何不同。不过，这并不意味着男性和女性在幽默和笑话上没有差别。研究发现，男性讲的笑话要远远多于女性。有人做了一项研究，让200名大学生记录在一周内听到的所有笑话，并注明讲笑话者的性别。这些学生共记录了604个笑话，其中60%都来自男性。讲笑话的人在性别上的这种差异性在许多国家都可以看到，即便是刚开始学会讲笑话的小孩子也出现了这种情况。

有些学者认为，这种差异性的存在可能源于这样一个事实：女性之所以回避笑话是因为她们担心笑话可能与性或攻击行为有关（“你会把雷区的猴子称作什么？狒狒”）。（译者注：表示狒狒的英文单词Baboon和表示地雷爆炸声响的单词Baboom发音类似。）其他一些学者则认为这种差异性根源于笑声、笑话和地位的联系。社会地位比较高的人讲的笑话要多于社会地位相对较低的人。从传统上来看，女性的社会地位相对较低，所以可能因此习惯了听笑话，而不是自己讲笑话。有趣的是，讲笑话和社会地位的关系也有一个例外，那就是自我贬损的笑话，社会地位相对较低的人更有可能讲这类笑话。研究人员对男性和女性专业搞笑演员的调查也验证了这一观点。12% 的男性搞笑演员的手稿中含有自我贬损的幽默，而在女性的手稿中这个比例高达 63%。

在项目进展到第三个月时，我们对采集的数据进行了首次深入分析。项目技术专家杰德·埃弗瑞特从网站上下载了 1 万多条笑话和 10 万多个评分，感谢热心的网民让我们知道他们对笑话可笑程度的看法。当时排在第一名的笑话被 46% 的参与者评为非常好笑。这则笑话是由来自英格兰西北部黑泽市的杰夫·安南达帕提交的，与著名侦探夏洛克·福尔摩斯和他的倒霉伙伴华生医生有关：

夏洛克·福尔摩斯和华生一起去露营。他们在满天繁星下搭好了帐篷，然后就睡觉了。到了午夜时分，福尔摩斯把华生从睡梦中叫醒了，并且说道："华生，抬头瞧瞧天上的那些星星，告诉我你看到了什么。"

华生回答说："我看到了数百万颗星星在闪烁。"

福尔摩斯又问道："那么你从中能够得出什么结论呢？"

华生回答说："嗯，如果有数百万颗星星，即便只有很少几颗有自己的行星，其中也很可能有与地球类似的星球。如果有些行星跟地球比较类似，那上面就可能有生命存在。"

福尔摩斯说："华生，你这个白痴，这意味着有人偷了我们的帐篷。"

这是典型的双层式"优越性"理论。我们会笑华生没有发现帐篷不见了，也会因福尔摩斯用那种自以为是的方式转告华生这个信息而发笑。

两千年前，古希腊哲学家柏拉图推测优越感在创造幽默的过程中扮演着关键的角色。我们的研究成果不仅验证了他的猜测，而且还显示，即便是在 21 世纪，那种建立在别人不幸之上的动物性大吼依然存在。

雪茄可能就只是雪茄，但笑话却永远都不仅仅是笑话

虽然实验的第一阶段取得了巨大的成功，我们依然希望能有更多的人访问我们的虚拟实验室。正因如此，我们在媒体上公布了初步的研究成果。上一次拍摄的“小鸡为什么要过马路”照片引起了不错的反响，于是我们决定再拍摄一张引人注目的照片。这一次，我们找了一名演员扮作小丑，让他躺到了著名心理学家西格蒙得·弗洛伊德使用过的躺椅上。为什么要选择弗洛伊德呢？原因就在于他对幽默很感兴趣，而且在 1905 年就这个主题发表了一篇经典论文——《笑话及其与潜意识的关系》。

弗洛伊德的基本心理模型有一个核心的概念，那就是我们都有性爱和攻击的想法，但社会不允许我们公开表达这些想法。结果它们就被压抑到了潜意识之中，只有在我们偶尔说溜嘴时才会泄露出来，比如在睡梦中或者在接受某种形式的心理分析时。

在弗洛伊德看来，笑话是心理宣泄的一种形式，可以避免让我们的心理变得过度压抑，换句话说，笑话可以帮助我们对付那些让我们感到不安的因素。讲笑话或因听到某个笑话而发笑的简单行为可以透露出很多潜意识信息，这使得弗洛伊德想到了这么一句话：“雪茄可能就只是雪茄，但

笑话却永远都不仅仅是笑话。”我们都知道，在弗洛伊德的眼中，雪茄常常是阴茎的象征，所以我总觉得他为自己的名言勾勒的画面非常有趣。

关于弗洛伊德对幽默心理学的贡献，学术界存在很多争议，有一派学者指出：“要找到一个智商中等以上，但没有弗洛伊德了解幽默的人会极其困难。”还有一组研究人员用下面这段话对幽默的“优越性”理论做了描述：

> 假设 S 认为 J 是一个笑话，在这个笑话中，S 觉得 A 是赢家，而且 / 或者 B 看起来是笑柄。那么，S 对 A 和 / 或 A 的“行为”看法越正面，而且 / 或者对 B 和 / 或 B 的“行为”看法越负面，S 从 J 中能够获得的快乐就越多。

弗洛伊德博物馆位于北伦敦，这位心理学大师的晚年就是在那里度过的。这座建筑里有很多藏书和艺术品，当然，还有弗洛伊德那知名的躺椅。这张 5 英尺（约 1.52 米）长的躺椅显然是 19 世纪 90 年代的一名患者为表达谢意而送给他的。在典型的治疗过程中，患者会躺在这张躺椅上，而弗洛伊德会坐在一把大扶手椅上。他发明了很多方式去探讨潜意识的活动。有时候他会让患者谈谈他们的梦境。另外一些时候，弗洛伊德会说出某个特定的单词，然后让患者告诉他自己想到的第一个单词是什么。那把躺椅已经成了弗洛伊德了解人类心理的象征，所以把它作为我们为笑话实验室拍摄第二张宣传照片的背景简直太合适了。英国科学促进会联系了博物馆方面，他们很高兴地得知馆长已经特批我们的小丑可以躺在这张最为著名的躺椅上拍照了。

2001 年 12 月一个寒冷的早晨，笑话实验室的工作团队和小丑一起来到了博物馆，然后被领进了弗洛伊德的办公室。房间给人的印象非常深刻，其中一面墙前面全是书架，上面摆满了弗洛伊德的大量藏书和手稿。房间里四处可见埃及、希腊和罗马的古董。那张著名的躺椅就位于房间的一角，旁边就是弗洛伊德的大型真皮扶手椅。

摄影师抵达后，我们各就各位。我们的小丑小心翼翼地躺在了躺椅上，我则拿着一个有纸夹的写字板坐到了弗洛伊德的大扶手椅上。坐在全球最著名的心理学家曾坐过的椅子上，对面的躺椅上躺着一个戴着巨大蓝色假发、涂着夸张笑脸、穿着超大号红色鞋子的人，这绝对又是一次超现实的笑话实验室时刻。摄影师们很喜欢这种布局，所以拍得很起劲，也很开心。为了让画面多几分写实感，一位摄影师问我是否可以为小丑进行一次非正式的心理诊疗。虽然我不是弗洛伊德学派的心理学家，但很乐意尝试一把。我问我的“患者”有什么问题，那位思维敏捷的小丑立即说他很不高兴，因为人们总不拿他当回事。

虽然弗洛伊德宣称自己是一名科学家，但他的很多观点都没有被充分验证过。即便如此，提交到笑话实验室的很多笑话显然都可以佐证弗洛伊德的想法。我们收到了不少与没有爱情的婚姻所带来的压力有关的笑话，也有很多笑话是关于不和谐性爱的，当然了，还有死亡：

我已经跟同一个女人相爱了 40 年。如果我老婆知道了，她一定会杀了我的。

一名患者对精神病医生说："昨天晚上我跟岳母一起吃饭时说溜嘴了。我本来想说'请把黄油递给我好吗？'结果我说的却是'你这头蠢牛，你把我的一生全给毁了'。"

一名男子去医院做检查。经过几周的测试后，一名医生来看他了，还说自己带来了一些好消息和一些坏消息。

"坏消息是什么？"这名男子问。

"我们觉得你恐怕是得了一种非常罕见的绝症。"医生说。

"啊，天哪，这下完了。"这名男子说，"那么好消息呢？"

"嗯，"医生回答说，"我们将会以你的名字为这种病命名。"

提交的某些笑话让我们得以探讨弗洛伊德的理论。通常来讲，老年人对衰老可能带来的影响都比较担心，那么，与年轻人相比，他们会不会觉得有关记忆力衰退之类的笑话比较可笑呢？弗洛伊德肯定会说应该如此，可是我们手头掌握的证据是否支持这种观点呢？我们仔细浏览了笑话实验室的档案库，并从中选出了几则以衰老给生活带来的困难为主题的笑话，比如下面的这一则：

一对老夫妻去另一对老夫妻家用餐，吃完饭后，两位妻子起身到厨房去了。

两位老先生开始聊天，其中一位说道："昨天晚上，我们去了一家新的餐厅，发现的确不错。我强烈推荐你有机会也去一次。"

另一位老先生问："那家餐厅叫什么名字啊？"

这位老先生想了老半天，最后终于说："你给自己爱的人送的那种花叫什么来着？你知道……红色的，而且有刺。"

"你是说玫瑰（rose）吗？"

"没错。"这位老先生回答说。然后把头转向厨房喊道："罗丝（Rose），我们昨晚去的那家餐厅叫什么名字？"

还有下面的这一则：

一位已近70高龄的老先生怀疑他的老伴快聋了，所以决定测试一下她的听力。于是他走到了客厅的另一端，然后问道："你能听到我说话吗？"没有回应。于是他走到了客厅的中间再次问道："你能听到我说话吗？"还是没有回应。于是他走到了老伴的身边大声说道："现在你能听到我说话吗？"老伴回答说："我已经说了三次了，我能听到！"

我们的研究结果正如弗洛伊德所预测的一样。年轻人并不喜欢此类笑话。平均而言，年龄不足30岁的人中只有20%觉得这些笑话非常有趣，但在年龄不低于60岁的人中，50%都觉得这些笑话很好笑。结论不言而喻：那些能让我们产生最强烈紧张感的人生问题会让我们发笑。

我们在不经意间又做了第二个实验来验证这一点。我们的笑话审读专家艾玛·格林宁工作做得不错，那些粗俗的笑话都被她从网站上删除了。然而，她还是不小心漏掉了一条：

一名男子找到了牧师，然后说道："我感觉很糟糕。我是一名医生，已经跟好几个患者上过床了。"牧师露出了关切的表情，为了安慰那名男子，牧师说道："你并不是第一个跟自己的患者上床的医生，而且也绝不会是最后一个。或许你不必有那么大的罪恶感。"

"你不明白，"那名男子说道，"我是一名兽医。"

这是一则典型的弗洛伊德式笑话，围绕一种最基本的社会禁忌展开，也就是人兽交。有趣的是，这则笑话在评比中获得了很高的分数，大约 55% 的人都觉得它很好笑。事实上，相对于女性而言，男性觉得这则笑话更好笑，而丹麦人觉得这是他们看过的最好笑的笑话。至于从中可以得出什么样的结论，就留给你们自己去思考吧。

大脑半球与幽默

通常认为，科学家并没有太强的幽默感。不过，既然是在做实验，我们觉得就有必要找一些英国最著名的科学家和科普作家，并请他们通过笑话实验室提交自己最喜欢的笑话。结果证明他们都很给我们面子，提交笑话的人中甚至还包括英国最顶尖的思想家，比如英国皇家学院院长巴隆尼斯·苏珊·格林菲尔德、行星科学家和“猎犬2号”火星登陆器计划的主要负责人之一科林·皮林格教授、演化生物学家斯蒂夫·琼斯教授、科普畅销书作家西蒙·辛博士。

在“著名科学家和科普作家提交的笑话”这一分类中，拔得头筹的是诺贝尔奖得主化学教授哈罗德·克罗特。克罗特教授因和其他团队成员共同发现 C_{60}（富勒烯）而出名，然而，并不为人所知的是，他还将自己描述为四种“宗教”的信徒：人道主义、无神论、国际特赦和幽默。或许正是这最后一点让他的笑话从众多科学家和科普作家提交的笑话中脱颖而出。这则笑话是关于两个男人和一只狗的，这也算是一个老掉牙的主题了。

一个男人走在大街上，他看到另一个男人牵着一只狗走了过来，于是问道：“你的狗咬人吗？”

另一个男人回答说：“不，我的狗不咬人。”

于是第一个男人拍了拍那只狗，结果手被狗咬伤了。他大声喊道：“你不是说你的狗不咬人吗？”

另一个男人回答说：“可这不是我的狗。”

总体来说，这些科学家提交的笑话都不是特别好笑。事实上，它们在所有笑话中的排名都属于倒数三分之一。就连哈罗德·克罗特爵士的笑话也只打败了45%的其他笑话而已。

我们还探索了幽默的另外一种来源——电脑。笑话实验室收到了很多有关电脑的笑话，而且还包括几则真的是由电脑创作的笑话。

几年前，格拉汉姆·瑞奇博士和基姆·宾斯特德博士编写了一个可以生成笑话的电脑程序。我们很想知道电脑是不是比人类更有趣，所以把几则电脑创作的最佳笑话输入到了笑话实验室中。结果发现，大部分此类笑话的得分排名在档案库中都是最靠后的。然而，令人备感意外的是，有一则电脑笑话却被证明非常成功，竟然打败了 250 则人类创作的笑话：“哪种杀人犯有纤维？麦片杀手。”（译者注：cereal killer 发音与连环杀手 serial killer 类似。）

这是一则形式最基本的笑话——简单的双关语。我们为什么会觉得这种类型的笑话好笑呢？最流行的理论认为这与“不协调”概念有关。如果某些事情看起来很不协调，我们就会比较惊讶，而这会让我们发笑。比如说，看到小丑穿着特大号的鞋子（特别是在未表演节目时）、发现某个人的鼻子出奇地大，或者听到政客讲真话，等等。同样的道理，很多笑话之所以好笑是因为笑话中的信息出乎我们的预料。比如说，一头熊走进了酒吧里，动物和植物在交谈，等等。不过，除了形式简单的不协调之外，这种理论还有更深层的含义。在很多笑话中，笑话的铺陈和笑点之间存在着不协调的急转弯。比如下面这则笑话：

鱼缸里有两条鱼。一条鱼对另一条鱼说：“你知道这怎么开吗？”

笑话的铺陈会让我们觉得是鱼缸里有两条鱼，但笑点在意料之外——为什么鱼能够驾驶鱼缸呢？转念之间，我们就会意识到表示鱼缸的英文单词 tank 还有一个意思，事实上这两条鱼是在一辆坦克车里。科学家将这种情况称为“失协 – 解困”理论。当我们解开笑点造成的不协调感之后，随之而来的就是惊讶的感觉，而这会让我们发笑。

笑话实验室的工作团队决定搞清楚一个问题，那就是当我们因这类笑话发笑时，我们的大脑里面正在发生什么？为此，我联系了剑桥大学的神经学家艾德里安·欧文博士。我之所以选择向艾德里安求助有两个原因。第一，他是世界上首屈一指的大脑成像专家。第二，我们俩在大学里一起学的心理学，在暑假时则共同构思魔术并在“无畏的上尉”魔术秀中进行表演，除此之外，我们一直都是很要好的朋友。艾德里安和英国精神病学院的史蒂夫·威廉姆斯携手合作，采用“功能性磁共振成像”（简称为fMRI）技术检查我们因项目中最有趣的双关语发笑时大脑里正在发生什么。

大脑扫描被用来研究各种各样的心理现象。其中我最喜欢荷兰格罗宁根大学的盖特·霍斯泰格所做的实验，他用大脑扫描探究女性如何假装高潮。实验的时候需要女性把头伸进扫描仪内，同时让她们的伴侣用手帮她们获得真正的高潮。另外，研究人员也会让这些女性假装高潮。通过对比这两种情况下的大脑扫描图像，研究人员发现假装高潮会用到大脑的某些特定部位。这也为辨别高潮的真假提供了一个可靠的方式，只是代价非常昂贵罢了。研究人员还发现，很多夫妇会因双脚冰冷而推迟高潮。在不穿袜子的情况下，50% 的人能够获得高潮，但如果穿上了袜子，这个比例可以上升到 80% 左右。

我们所进行的大脑扫描相对而言要容易多了，但是超现实的感觉一点儿也没有被淡化。我们会让人们把头伸进价值百万英镑的扫描仪内，然后让他们阅读一些得分很高的双关语笑话。结果发现，在为笑话做铺垫时（“鱼缸里有两条鱼”），左脑扮演着非常关键的角色，而大脑右半球有一小块区域提供了必要的创意技巧，从而让我们能够以一种完全不同，而且常常是超现实的视角看待问题。（一条鱼对另一条鱼说：“你知道这怎么开吗？”）下面就是一幅大脑扫描的图像。从中我们可以看出，在看到笑话实验室里笑话的铺陈时，大脑的左半球有两个区域受到了刺激。

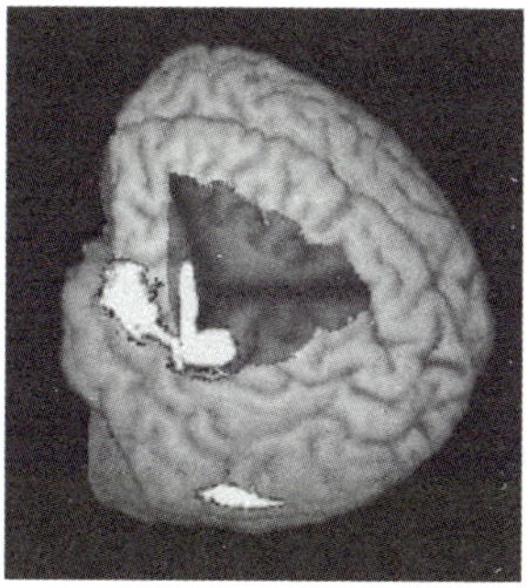

3D扫描图像呈现脑部与笑点相关的区域

其他一些研究显示，大脑右半球受损的人不能够很好地理解笑话，所以很难看到人生有趣的一面，我们的实验也证实了这一点。现在，请大家读读下面这则笑话的铺陈文字，以及三个可能的笑点，再看看到底哪一个笑点是正确的。

在拥挤的广场上，一名男子走到了一位妇人的旁边说：“抱歉，你看到这附近哪里有警察吗？”

“对不起，”这位妇人说，“我找了好久也没看到一个警察。”

可能的笑点：

（1）“那么，好吧。你可以把自己的手表和项链交出来吗？”

（2）“哦，没关系，我都找了半小时了，连个警察的影子也没看到。”

（3）“棒球是我最喜欢的运动。”

很显然第一个笑点是正确的。第二个合乎情理，但不好笑。而第三个既不合乎情理，也不好笑。与大脑健全的人相比，大脑右半球受损的人更有可能选第三个笑点。看起来这些人知道笑话的结尾应该是出人意料的，但不知道其中一个笑点经过重新诠释后也会变得合情合理。有趣的是，这些人还是会觉得搞笑喜剧很有趣，他们并没有丧失幽默感，只是无法明白为什么有些不协调现象是好笑的，而另一些却并不好笑。有些探究这个主题的研究人员做了如下总结：“虽然大脑的左半球或许可以理解格劳乔的某些双关语，而且右半球也会觉得哈珀的滑稽表演很有趣，但只有两个半球一起运作，才能欣赏马克斯兄弟的喜剧电影。”正如记者泰德·弗瑞德在《纽约客》上为笑话实验室所写的枯燥报道中提到的：大脑的左右半球看起来都不觉得奇科有什么好笑。（译者注：马克斯兄弟是 20 世纪 30 年代美国喜剧电影界最成功的团体之一，格劳乔、哈珀和奇科都是该喜剧团体的成员。）

鼬鼠和好笑的 K

2002 年 1 月，艾玛·格林宁走进我的办公室说：“我真搞不明白，我们现在每分钟都会收到一则笑话，但它们的笑点都是同一句话‘有只鼬鼠在咬我的私处'。”当时我们的项目已经进行到第五个月，在我们并不知道的情况下，美国幽默大师戴夫·巴里在《国际先驱论坛报》上用整个专栏的篇幅介绍了我们的实验。在上一期的专栏文章中，巴里宣称只要加入“鼬鼠”这个单词，任何句子都可以变得更为好笑。在介绍笑话实验室的专栏中，巴里再次提及了这个理论，并号召读者向我们的网站提交以“有只鼬鼠在咬我的私处”结尾的笑话。此外，他还建议人们将档案库中每一则与鼬鼠有关的笑话评为最高级别——五级。仅仅几天之后，我们就收到了 1500 多则与“鼬鼠咬私处”有关的笑话。

巴里并不是唯一主张某个单词或某种声音会让人发笑的幽默作家。在运作笑话实验室期间，我们也在小范围内做了一项实验，实验结果非常符合人们最常引用的理论：神秘好笑的字母 K。

在实验的初期，我们收到了下面这则笑话：

农场里有两头奶牛。其中一头奶牛叫了一声：“哞。”另外一头奶牛马上说：“我刚才正想说那个字呢！”

我们决定以这个笑话为基础做一个小实验。我们将奶牛换成了其他动物，然后把演绎过的笑话重新提交到档案库中。比如说，换成两只老虎和它们的吼声，换成两只鸟和它们的啁啾声，换成两只老鼠和它们的吱吱声，换成两只狗和它们的汪汪声，等等。实验结束后，我们对比了各种动物及其叫声在人们心目中的好笑程度。排在第三位的是最初的奶牛笑话，亚军是两只猫“喵喵”叫，荣登冠军宝座的则是鸭子笑话：

池塘里有两只鸭子，其中一只鸭子叫了一声：“嘎。”另外一只鸭子马上说：“我刚才正想说那个字呢！”

有趣的是，字母K的发音（以及发/K/音的字母C）跟表示“嘎嘎”的quack以及表示“鸭子”的duck都有关系。搞笑演员和喜剧作家一直以来都觉得/K/这个音特别好笑。

“好笑的K”这个概念显然已经融入了流行文化当中。《星际旅行：下一代》中有一集名叫《可恶的奥考纳》，里面的喜剧演员在向机器人百科解释什么是幽默时就提到了这个概念。在《辛普森一家》中也有一集与此相关，小丑科瑞斯特（Krusty，注意K的发音）前去看信仰治疗师，因为他在日常演出时说了太多与“好笑的K”有关的词语，所以导致声带出现了麻痹。在治疗师为他治好声带后，科瑞斯特兴奋地宣称他那“好笑的K”又回来了，随后就开始大声叫喊“King Kong”（金刚）、“cold-cock”（把人打昏）、“Kato Kaelin”（加藤·卡伦），而且还给了治疗师一个吻表示感谢。

字母K的发音为什么能够让人产生愉悦感呢？这可能跟一种叫作“脸部表情回馈”的奇特心理现象有关。人们在感到快乐的时候会微笑。然而，有证据表明微笑和快乐之间的这种作用机制反过来也是成立的，也就是说，人们会仅仅因为微笑了而感到快乐。

1988 年，弗利兹·斯图尔克教授和他的同事们做了一项研究，请人们判断盖瑞·拉尔森的漫画《远征》在两种不同情况下的好笑程度。其中一组参与者被要求嘴含铅笔，但要确保铅笔不会碰到他们的嘴唇。人们并不知道，这个动作事实上已经让他们做出了微笑的表情。另外一组参与者则被要求只用他们的嘴唇夹住铅笔的末端，这个动作事实上已经让他们做出了皱眉头的表情。结果显示，人们的确能够体验到与表情相关的情绪。与皱眉头的参与者相比，脸部呈现微笑表情的参与者感到更快乐，所以也会觉得《远征》漫画更好笑一些。

有趣的是，很多带有 /K/ 音的单词都会让人的脸部呈现出微笑的表情（想想 duck 和 quack 吧），或许这正是我们会觉得这些单词的发音比较好笑的原因。无论这是否能够解释“好笑的 K”效应，这种解释的确在幽默的另一个方面扮演着关键的角色——幽默的感染力。

1991 年，为了研究微笑，美国北达科他州立大学的心理学家沃琳·海恩兹和朱迪丝·汤姆海夫走访了很多的购物中心。一名研究人员会对着随机挑选的人微笑，而另一名研究人员偷偷地躲在伪装的小吃摊后面，仔细观察人们会不会也向第一名研究人员回应一个微笑。经过数个小时的微笑和观察后，他们发现，大约有一半的人会回应一个微笑。这个结果让他们觉得需要对“如果你微笑，全世界的人都会和你一起微笑”这句名言做些修改，“如果你微笑，全世界半数的人都会和你一起微笑”才是更科学和更精确的说法。

在不自觉的情况下，人们会主动模仿周围人的面部表情，这种能力在团队生存、培养凝聚力和向心力方面都起着至关重要的作用。通过模仿他人的表情，我们能够迅速感受到别人内心的那种感觉，因而更容易对他们的处境感同身受，沟通起来也会更容易一些。如果一群人中有一个人笑了，其他人就会自动模仿这个人的面部表情，从而变得开心起来。如果有人感到很伤心、很害怕或者变得惊慌失措，他们所呈现出来的这种情绪也会感染其他人。这种效果和铅笔实验的结果完全能够解释为什么笑声是有感染力的。当人们看到或听到另一个人大笑时，他们很有可能会模仿这种行为，于是自己也开始大笑，进而就会真的感觉某种情形很好笑。正因如此，很多电视节目会使用预先录制好的笑声。19 世纪的戏剧导演都会雇一名笑声特别有感染力的“职业”观众（被称为“哄笑者”），借用他们的笑声去影响其他观众，从而产生哄堂大笑的效果。

虽然这种感染力的效果通常来说都比较有限，但有时候也可能出现失控的情况，甚至有可能导致数千人大笑不止。1962 年 1 月，三名就读于坦桑尼亚一所教会寄宿学校的少女开始发笑。她们的笑声出现了传奇般的感染力，全校 159 名学生中竟然有 95 人被感染，到了 3 月的时候，形势依然未能得到有效控制，学校被迫停课。据说被感染的学生笑起来短则几分钟，长则数个小时。虽然大家都笑得浑身乏力，但所幸没有出现悲剧性后果。学校在 5 月开始复课，但仅仅几周后，又有 60 名学生感染上了“狂笑病”，学校被迫再度停课。然而，停课又导致了另外一个问题，几名回到家乡纳桑姆巴的女孩子很快就把“狂笑病”带到了镇子上，1 万名居民中有 200 多人立刻陷入了无法控制的狂笑之中。真不知道她们老师的名字中是否含有“好笑的 K”。

躺椅上的喜剧演员

几个月后，我们的笑话实验室已经收到了 25000 多则笑话和大约 100 万个评分，在世界各地的媒体上也频频曝光。就是此时，奥斯卡奖得主、加拿大纪录片制片人约翰·泽瑞斯基主动与我取得了联系，问我是否愿意帮忙拍摄一部有关笑话实验室的纪录片，并在全球范围内对幽默进行一番探索。在我看来，这当然是一个不错的主意，于是我们很快就踏上了一次全球笑话探访之旅，看看到底是什么会让世界各地的人哄堂大笑、咯咯傻笑或笑不出来。

作为电影的一部分，约翰邀请我到洛杉矶对一些得分较高的笑话做一些实地测试。我仔细搜索了现有的数据库，并确定了两种类型的笑话作为测试对象：英国人觉得特别好笑的笑话和美国人觉得特别好笑的笑话。2002 年 6 月，在加利福尼亚州帕萨迪那市一家名叫“冰屋”的喜剧俱乐部里，我站在舞台的一侧，看着年轻漂亮的女主持戴比·古德瑞斯站在舞台上向观众解释接下来要发生的一切。她给大家简要介绍了笑话实验室项目，然后说我将上台给大家讲几个笑话。实验证明，英国人觉得这些笑话特别好笑，戴比说她自己也会讲几个美国人认为最好笑的笑话。几分钟后，我走上了舞台。这又是一个超现实的时刻。戴比首先讲了一个经典的笑话：

一名妇女对男药剂师说："你这里有伟哥吗？"

药剂师说："有。"

妇女又问道："在柜台就能得到吗？"

药剂师回答："我只要先吃两颗就可以。"（译者注：妇女说的"Can you get it over the counter"是问"不需要处方就可以直接购买吗"，但药剂师错误地理解为"你在柜台这里就可以勃起吗"。）

戴比把笑点给搞砸了，所以这个笑话并没有带来预期的效果，现场几乎没有人笑出声来。接下来该我了。我决定先讲一个与医生有关的笑话，这个笑话在访问笑话实验室的英国人中可以说备受推崇：

一名男子到医生那里去做检查。检查结束后，他问医生自己还能活多久。医生回答说："十。"这名男子看起来一头雾水的样子，他又问："十什么？十年？十个月？还是十周？"医生回答说："九、八、七……"

结果现场依然是一片寂静，我敢说如果有根针在此时掉在地上，我一定能听到。或者说如果有一只鸭子掉在地上，如果这听起来更好笑的话。接下来的几个笑话也没能打动观众，最后戴比说了一个并不存在的笑话，现场这才爆发出一阵哄堂大笑："两个同性恋者和一个侏儒走进了一家酒吧……"

如果仅从笑话实验室的数据来看，大约三分之一的观众应该会觉得我们讲的笑话比较好笑。然而，实地测试的结果显示，这个比例接近于零。那么，到底是哪里出了问题呢？事实上，这就是典型的"萝卜青菜，各有所爱”。为我们的实验投票的人可谓形形色色，然而，喜剧俱乐部里面的观众却是一个独特的群体，他们比较喜欢大胆、无礼、带有污辱性或攻击性的笑话。在喜剧的世界里，根本就不存在什么“魔弹”，没有一个笑话能够让每一个人都觉得非常好笑。说到底，这就是笑话和人之间的匹配问题，在“冰屋”俱乐部中，我们显然是完全搞错了实验对象。在实验的最后，当我们宣布最爆笑的笑话时，这个论点也再次浮出了水面。

虽然站在“冰屋”的舞台上的确没有什么乐趣可言，但站在后台和其他表演者共同等待的时刻却有趣多了。如果大家不考虑“滑稽”一词的双重意义，我想说专业的喜剧演员的确是一群非常滑稽的人。他们选择了一种并不容易的谋生方式，而且还要承受巨大的压力。每个晚上，他们都得登台演出，要尽其所能让一群陌生人哈哈大笑。不管他们的内心是什么感受，无论生活中发生了什么，他们都必须要以滑稽搞笑的形象出现在观众面前。正因如此，一小部分心理学家对分析专业喜剧演员的心理产生了兴趣。

好莱坞著名导演伍迪·艾伦曾经说过：“大多数时候我没有多少乐趣。其余的时候我一点儿乐趣都没有。”人们对于“悲伤的小丑”会有一个刻板印象，那么这种观点的真实性又有多少呢？其实生活中不乏一些知名的例子，其中就包括英国喜剧演员斯派克·米利根（一生都备受躁狂抑郁症的折磨）和美国喜剧演员莱尼·布鲁斯、约翰·贝鲁西（据说两个人都死于自杀）。

1975 年，美国精神病学家塞缪尔·詹纳斯发表了一篇颇具开创性的论文，分析了喜剧演员的心理。詹纳斯热切地希望能够探索“悲伤的小丑”这种流行刻板印象的真实性，于是对55位非常著名的专业喜剧演员进行了专访，以研究他们的生活。詹纳斯找到了一些喜剧界的顶级大腕，他们只跟年薪不低于6位数而且享誉全国的人共事。研究结果显示，这些人中绝大多数都拥有较高的智商（有几个人甚至达到了“天才”的水准），80%的人在一生中曾看过心理医生，几乎所有人都特别担心环绕他们的明星光环会慢慢变得暗淡无光。这些发现让詹纳斯得出了自己的结论：“其中有几个人能够享受自己的生活，并且能够收获声名和好运带给他们的丰硕成果，但他们只是极少数的几个人。”詹纳斯的研究报告还提到了与那些熠熠生辉但心存焦虑的专业喜剧演员共事的问题。虽然他们的智商都很高，但詹纳斯表示：“问题不在于让他们做出反应，而在于持续安抚他们那焦虑不安的心理，并且一再让他们确信自己的确做得很好。”此外，詹纳斯也提到，在被问及向心理医生寻求帮助的经历时，有几位参与者说治疗师让他们“躺到躺椅上，并且告诉我你所知道的一切”，没过多久他们就说：“感觉就像是治疗师在费城表演喜剧一样。”

假装世界永远滑稽

詹纳斯将喜剧演员描绘为“悲伤的小丑”，但纽约州立大学雪城分校的心理分析学家西摩尔·费舍尔和罗达·费舍尔在 1981 年发表的研究成果并不支持詹纳斯的说法。费舍尔兄弟进行了广泛而深入的调查，研究了 40 多位著名的喜剧演员和小丑，其中包括席德·恺撒、杰奇·梅森和小丑布林科。他们将自己的研究成果写成了一本不错的书——《假装世界永远滑稽》。

作为研究工作的一部分，他们做了一个经典的弗洛伊德式测试，也就是著名的“罗夏墨迹测试”。他们请参与者观看模糊的墨迹，并请他们说出墨迹让他们想到了什么。该测试在科学研究中被广泛应用，有一则著名的弗洛伊德式笑话甚至也是以此为主题的：

一名男子去看心理分析师。分析师拿出了一沓印有墨迹的卡片，让这名男子一张一张地观看，每看完一张，分析师就会问他墨迹让他想到了什么。这名男子看完第一张卡片后说：“性。”然后他又观看了第二张卡片，这次他说的依然是“性。”事实上，他看到每一张卡片后都回答说：“性。”心理分析师以非常关切的表情看着他说：“我并不想让你担心，不过你看起来好像满脑子想的都是性。”这名男子听后大为震惊，他回答说：“我真不敢相信你刚才说的话，拿着整沓色情卡片的可是你啊！”

据费舍尔兄弟描述，大部分的测试都是在餐馆和马戏团的化妆室里进行的，测试往往很难进行，因为总有不相关的人或者演员来打断他们。

费舍尔兄弟的研究结果与流行的“悲伤的小丑”概念以及詹纳斯此前的研究结果刚好相反，他们发现喜剧演员和小丑很少会患上心理疾病。尽管专业喜剧演员的工作需要承受巨大的压力，但费舍尔兄弟惊奇地发现，他们的受访者看起来心情都非常开朗，而且精力充沛，把自己调整得很好。

费舍尔兄弟研究工作的第二个方面是喜剧演员和小丑们的童年经历。他们表示，大多数的受访者在年轻的时候就呈现出了搞笑的天分，而且常常被看作“班级小丑”，都是活宝级的人物。很多人承认曾拿自己的老师开过玩笑，这一点也很符合幽默的“优越性”理论。其中一位表演者还记得老师让他在黑板上拼出“石油”的英文单词 petroleum，结果他快步走到了教室的前面，拿起一支粉笔，在黑板上写下了 oil。专业的喜剧演员大多出生在相对贫困的家庭，童年可能过得并不愉快，所以他们的表演或许是想获得观众的喜爱，以此弥补童年时代的缺憾。有很多传闻逸事能够支持这种观点。伍迪·艾伦曾经说过，“被接受的需求”是其滑稽表演的主要动力来源之一；杰克·班尼不喜欢去古巴度假，因为那里没有人认得他；W.C. 费尔兹也曾提到，他之所以喜欢逗人们发笑，是因为“至少在那短暂的时刻里，他们是爱我的”。

费舍尔兄弟研究工作的第三个组成元素是探索与好笑有关的心理特质。有几名表演者承认，他们对芸芸众生和他们的各种行为充满了好奇，他们会持续不断地观察他人的生活，直到发现某些古怪的特性为止，而这些特性就成了创作某个新笑话或表演题材的基础。费舍尔兄弟发现，喜剧演员和社会学家有诸多相似之处。他们认为，这两种人都会时常关注人类行为中的新鲜面，唯一的重大差异就在于喜剧演员这么做的目的是找到让人发笑的灵感，而社会学家的目的是将这些观察作为学术论文的基础。我在整个职业生涯中都在研读社会学家的著作，所以我斗胆提出一个观点：这种区分方法并不能清楚地描述这两种人的差异所在。

费舍尔兄弟还对喜剧和焦虑之间的关系进行了探索。在看到墨迹时，人们通常会看到某种影像，但很快就会意识到也能够以另外一种不同的方式看待墨迹。他们对喜剧演员就随机呈现的墨迹所联想到的影像进行了仔细分析，并得出了自己的结论：他们的参与者通常会把墨迹想象成“不错的怪物”，方法就是把有威胁感的图案转化为更为亲切随和的事物。“嘴里喷火的龙”会变成被误解的高贵角色；“肮脏的土狼”会变成可爱的、讨人喜欢的宠物。在费舍尔兄弟看来，喜剧演员和小丑会在不自觉的情况下用幽默来应对那些可能会带来困惑和苦恼的事情，而墨迹测试无疑为这种观点提供了有力的证据。

有一种观点认为喜剧从根本上来说是和忧伤以及心理疾病相关的，而费舍尔兄弟并不是唯一质疑这种观点的研究人员。佛罗里达国际大学的詹姆斯·罗顿对霍夫曼所著的《逝去的娱乐名人》进行了深入研究，他将著名喜剧演员的生卒年份与同一年出生的非喜剧娱乐名人进行了对比（罗顿报告的研究对象仅限于男性喜剧演员，因为他发现很多女性喜剧演员的年龄都不可靠，而且与其他的传记资料不符，这可能也算是喜剧的时间心理学现象吧）。罗顿将自己的研究成果以论文形式发表，论文的题目为《幽默与长寿：搞笑艺人能笑到最后吗？》。罗顿认为，喜剧演员并不会比其他娱乐艺人更早地离开人世。有关喜剧演员死因的后续研究（收集了 1980—1989 年间《时代》和《新闻周刊》上刊登的名人讣告）也显示，没有证据表明喜剧演员更容易患上心脏病、癌症、肺炎，或者因意外事故或自杀身亡。简而言之，没有证据表明每晚的滑稽演出所带来的明显压力会让喜剧演员比较短命。

罗顿的研究成果跟其他一些研究也是能够呼应的，比如说笑看人生能够减缓焦虑情绪，如果一定要说喜剧对人有影响的话，那只能说喜剧会让人变得更加健康。在13世纪时，外科医生亨利·德·曼德维尔曾推测笑声可能有助于患者尽快康复，他表示："外科医生应该禁止患者生气、怨恨和悲伤，并要提醒患者，快乐会让人心宽体胖，而忧伤会让人骨瘦如柴。"几百年后，莎士比亚也呼应了这种理念，他表示："让内心充满欢乐与喜悦，这能够让你远离诸多伤害，这能够让生命之树常青。"

最近的一项研究也对笑声、应对压力和身心健康之间的关系提供了支持。该项研究显示，能够很自然地用幽默缓解压力的人会具有更为健康的免疫系统，中风和心脏病发病的概率也会降低40%，接受牙科手术时比较不会痛苦，而且能比大多数人多活四年半。

1990年，研究人员发现，观看比尔·考斯比的喜剧表演可以增加唾液中免疫球蛋白A的分泌量，免疫球蛋白A是一种化学物质，在预防上呼吸道感染方面扮演着非常关键的角色（当参与者聆听梅尔·布鲁克斯和卡尔·雷纳尔的经典《两千岁的老人》时，这些优势效应就出现了明显的下降）。这当然不是唯一探索笑声对身体有何影响的研究。2005年，马里兰大学的迈克尔·米勒和他的同事们研究了笑看世界与血管内壁的关系。当这些血管扩张的时候，能够促进血液在体内的循环，从而有益于心血管健康。他们让参与者观看可能让他们感到焦虑的电影场景（比如《拯救大兵瑞恩》的前30分钟）或者能够让他们发笑的电影场景（比如《当哈利遇到莎莉》中的"假高潮"戏）。总体而言，看完令人紧张的电影后，参与者的血液循环降低了大约 35%，但在看完幽默题材的电影后，他们的血液循环则增加了 22%。依据得出的结果，研究人员建议人们每天至少要笑上 15 分钟。

詹姆斯·罗顿也进行过与此类似的研究，他探索了观看不同类型的影片对整形外科手术住院患者的康复有何影响。他请一组患者从《香蕉》、《白头神探》和《金牌制作人》等喜剧片中进行挑选；同时不让另一组患者观看任何有可能让他们微笑的影片，而是让他们从《蓬岛仙舞》、《卡萨布兰卡》和《007 之诺博士》等"严肃"影片中挑选。研究人员对患者从自控装置中使用主要止疼药的数量进行了秘密监测。结果发现，观看喜剧片的患者使用的止疼药要比观看严肃片的患者少 60% 以上。后来研究人员又做了另一个有趣的实验，他们重新找了一组患者，这些患者没有权利选择观看哪一部喜剧片，而只能看别人帮他们选定的影片。结果显示，这组患者消耗的止疼药比其他两组患者都要多，从而以科学的方法证明了没有什么比被迫观看自己不喜欢的喜剧片更痛苦的事情了。

最后，有一个研究团队探索了人们在面对死亡时的表现。他们请参与者立下模拟遗嘱、完成自己的死亡证明（包括猜测自己的死亡日期和死亡原因）、为自己的葬礼写悼词。研究人员发现，与那些忧郁的参与者相比，那些乐于笑看人生荒诞事的人并不觉得这是一项多么难的任务。在现实生活中也出现了完全相同的现象。对丧失亲友的人们进行心理辅导的人员访问了一些在 6 个月前失去配偶的人，结果发现，能够笑看生离死别的人比较能够面对和接受现实，并在他们的人生道路上继续前行。不过，就像提交到笑话实验室里的一则笑话所描述的那样，这种笑看生离死别的态度也可能出现过于夸张的情况：

一名男子去世了，他的妻子给当地的一家报社打电话说：“我想刊登以下讣告——伯尼死了。”

报社里接听电话的人愣了一会儿，然后说：“事实上，你可以发10个字，价格是一样的。”

这名女士回答说：“哦，那好吧。我能不能这样登——伯尼死了。丰田汽车出售。”

罗宾·威廉姆斯、斯派克·米利根和“汪汪”笑话

在1939年版的《纽约时报杂志》中，加拿大幽默作家斯蒂芬·利考克写道：“只要让我听某一个国家的笑话，我就能够告诉你这个国家的人民是什么样子的，他们彼此如何相处，以及他们将会经历什么事情。”我们所收集的数据可以让我们探究不同国家在幽默上的差异所在，从而能够以科学的方式验证利考克的观点是否正确。当然了，我们并不是第一批研究这个主题的学者。

在第一章里，我描述过英国著名心理学家汉斯·艾森克教授在占星术和个性研究方面所做的开创性研究工作。在第二次世界大战期间，艾森克逐渐对幽默心理学产生了兴趣，并针对英国、美国和德国杂志上的

卡通漫画做了一项特殊的调查。实际上，仅仅获取相关的素材已经被证明遇到了诸多棘手的问题。大批的美国杂志因货轮在大西洋上失事而沉入了大海，许多英国的资料因英国博物馆遭受轰炸而被摧毁，而可以获得的德国素材又仅限于英德两国陷入敌对状态之前出版的杂志。尽管面临重重问题，但艾森克还是经受住了考验，并最终成功地从各种杂志上搜罗到了 75 种卡通漫画，这些杂志包括英国的政治漫画类杂志《笨拙》、美国的知识分子类杂志《纽约客》和德国的《柏林画报》。

随后艾森克把德国的漫画翻译成了英文，并把它们拿给英国人看。他首先会请每个人评估这些漫画的好笑程度。艾森克发现这三个国家的漫画在好笑程度上其实相差无几。接下来，他请参与者猜测所看的漫画是来自英国、美国还是德国。实验者会分析漫画的好笑程度和参与者猜测的漫画国籍之间的关系。与被认为来自英国和美国的漫画相比，人们普遍认为来自德国的漫画得分都比较低。深入的分析更为大家对漫画国籍的刻板印象提供了进一步的证据。在分析人们认为来自德国的漫画时，艾森克发现里面有众多的负面元素，其中包括胖女人、穿着打扮很糟糕的女孩以及老式的家具。

在研究的第二部分，艾森克请英国、美国和德国的志愿者（事实上他们都是因战争而逃离家园的难民）对相同的笑话和打油诗进行评估。该部分的研究结果显示，与英国人和德国人相比，美国人会觉得这些素材比较好笑，但不同国家的人觉得好笑的笑话在类别上并没有太大的差异。

来自笑话实验室的数据完全支持艾森克的研究结果。不同国家的人对笑话好笑程度的看法可谓大相径庭。最难被笑话逗乐的是加拿大人。

这种情况有两种可能的解释。由于这些笑话的质量并不是很高，所以我们可以说加拿大人有比较独到的幽默感。相反，他们也可能根本就没有什么幽默感，所以觉得什么事情都不好笑。德国人觉得笑话好笑的程度比其他国家的人都要高。在刊登我们研究结果的非德国报纸和杂志上，几乎每一家都对这种结果的真实性提出了质疑。一家英国报社把德国人认为最好笑的笑话讲给了伦敦德国大使馆的发言人听，据说他听后笑得非常厉害，以至于把电话的话筒都掉了，通话就此结束。其他就没有太大的差异了。总体而言，来自同一国家的人会普遍认为同一则笑话好笑或者不好笑。喜剧演员和音乐家维克多·保格曾经说过笑话是人与人之间最短的距离，如果他的说法是对的，那么只要不同的族群因同一种笑话而发笑，或许就可以因此拉近彼此之间的距离。

在我们的实验即将接近尾声时，我们已经收到了 4 万多则笑话，来自 70 个国家的 35 万多人对各种笑话进行了评分。这项有史以来规模最大的实验让我们赢得了吉尼斯世界纪录，并登上了《纽约客》杂志的封面。美国人投票选出的最爆笑的笑话是下面这一则：

在阅兵时，上校注意到有些事情不太对劲，于是就问少校："巴里少校，琼斯中士的队伍里到底出了什么问题？他们看起来怎么好像都在乱扭乱跳啊。"

"报告长官，"巴里少校观察了一会儿后说道，"似乎有只鼬鼠在咬他的士兵（私处）。”

戴夫·巴里的号召看来非常奏效，他成功地让跟鼬鼠有关的笑话登上了美国最爆笑笑话的冠军宝座。感谢上帝，他对非美国网民的投票比较没有影响力。我们对手头的海量档案库进行了仔细翻阅，并找出了其中最好笑的笑话。在参与实验的所有人中，有 55% 的人觉得下面的这则笑话非常好笑：

两个猎人走在森林里，其中的一个人突然倒地不起。他看起来已经没有呼吸了，两眼翻白。另外一个人急忙拿出了手机，呼叫紧急救援服务。他喘着粗气说：“我朋友死了！我该怎么办？”接线员回答说：“请冷静，我能够帮你！首先，让我们来确认一下他真的死了。”一阵沉寂后，接线员听到了一声枪响。打电话的猎人回来继续说道：“好了，现在怎么办？”

起初，排在首位的还是有关福尔摩斯、华生和帐篷神秘失窃的笑话。但就在不久前，有关猎人的这则笑话已经取代了前者的冠军位置。我们联系到了福尔摩斯笑话的提供者杰夫·安南达帕，告诉了他这个坏消息。杰夫欣然接受了失败的结果，同时他还打趣地说：“我真不敢相信竟然在最后一轮比赛中被打败了！我本来是可以赢的……我想重新比一次，这一次我要使用下流的笑话了。你听过女演员和大主教的笑话吗？”

数据库中的资料显示，摘得桂冠的笑话是由来自英国曼彻斯特的精神病医师古帕·格萨尔提交的。我们联系了古帕，他解释说自己有时候会给患者讲那个笑话，好让他们振作一些，他说：“这则笑话会让大家感觉好一些，因为它能够提醒患者，在这个世界上，总有人在做比他们更蠢的事情。”

我和英国科学促进会在第三次，也是最后一次新闻发布会上宣布了我们的研究成果。我们最后一次租用了巨大的小鸡服装，我的一位博士生有幸成为巨型小鸡的扮演者（参看图片）。

巨型小鸡揭晓全世界最爆笑的笑话

我们把冠军笑话印在了巨大的横幅上，向等候已久的媒体揭晓。媒体访问了当初帮《蒙蒂·派森之飞行的马戏团》创作世界上最爆笑笑话短剧的喜剧演员泰瑞·琼斯，请他发表自己的看法。他觉得这则笑话非常好笑，但可能笑点有些过于明显了。另一名记者访问了好莱坞明星罗宾·威廉姆斯，也请他谈谈对冠军笑话的看法。和琼斯一样，威廉姆斯也表示这则笑话还不错，不过他又解释说全世界最爆笑的笑话可能比较下流，所以你不会对彬彬有礼的人讲此类的笑话。

为期一整年的搜寻全世界最爆笑笑话实验到此结束。我们真的设法找到了这样的笑话吗？事实上，我认为所谓全世界最爆笑的笑话这种东西根本就是不存在的。如果我们有关幽默的研究能够告诉我们什么的话，那就是每个人感兴趣的事物都是不同的。女人喜欢男人看起来比较愚蠢的笑话，老年人会对有关记忆力减退和听力下降的笑话发笑，无权人士会拿威权人士开涮。没有哪个笑话能够让所有人都捧腹大笑。我们的大脑就不是那么工作的。从很多方面来说，我都觉得我们找到了世界上最平淡无奇的笑话——那种每个人看了都会微笑但很少有人会捧腹大笑的笑话。不过，很多探索历程都是如此，过程本身要比目的地更为重要。在整个实验过程中，我们探索了什么会让我们发笑、笑声如何能让你变得更为长寿、幽默能够如何将不同的国家团结在一起，此外，我们还发现了世界上最好笑的喜剧型动物——鼬鼠。

研究结束5年后，我收到了好朋友大脑扫描科学家艾德里安·欧文的电话。他说自己刚刚看了一部有关喜剧演员和《暴徒》共同创作人斯派克·米利根的纪录片，并说节目中提到了我们冠军笑话的早期版本。那部纪录片叫作《我跟你说过我病了》，名字源于斯派克的墓志铭，片中含有从1951年的英国广播公司节目《伦敦娱乐》中节录的《暴徒》片段：

迈克尔·班汀：我一进来就看到他躺在那边的地毯上。

彼得·塞勒斯：哦，他死了吗？

迈克尔·班汀：我觉得应该死了。

彼得·塞勒斯：你是不是最好确认一下？

迈克尔·班汀：好的。稍等。

（随后传来两声枪响）

迈克尔·班汀：他死了。

要追踪某则笑话的来源通常来说几乎是不可能的，这是因为笑话的最初版本可能早已消失在时光中。斯派克·米利根在2002年去世，但在纪录片制片人的帮助下，我联系上了斯派克的女儿赛尔，她确认那素材十有八九是她父亲写的。于是我们宣布已经找到全世界最爆笑笑话的作者了，于是笑话实验室再度登上了媒体的头版头条。

在后续的采访中，几名记者问了我一个我每次提及笑话实验室都会碰到的问题：在那一年里涌入档案库的上万则笑话中，我最喜欢的是哪一则？我每次给出的答案都是一样的：

一只狗走进了电报局，拿了一张空白的表格，然后写下了电报中的文字：

“汪汪汪。汪，汪。汪。汪汪，汪。”

工作人员仔细看了看表格，然后很有礼貌地告诉那只狗说：“这里只有九个字。你还可以再加一个‘汪’，反正价格都是一样的。”

那只狗看起来很迷惑的样子，随之回答说：“但是那样就毫无意义了。”

我也不知道自己为什么喜欢这则笑话，反正它就是能让我发笑。

第6章
是罪人还是圣人
——自私心理学

为什么要用假腿支架衡量全球各地的行善意愿?

通过在全美各地丢信封来揭示天主教徒是否真的比大多数人更乐善好施。

创建关爱社区所用的秘密心理。

神秘消失的茶匙。

20 世纪 30 年代初期，斯坦福心理学家理查德·拉皮尔花了几个月的时间和自己的一名中国学生及其太太一起到美国西海岸漫游。这对夫妇生在中国，长在中国，而且刚到美国不久。在他们看来，拉皮尔无疑是一个很热心的教授，竟然专门挤出时间带他们四处游历。事实上，拉皮尔在这次旅行中秘密地做了一次实验，而实验对象正是这对中国夫妇。

这对夫妇刚进大学时，拉皮尔就萌生了做个实验的想法，他带他们去了镇上最好的宾馆。在 20 世纪 30 年代的美国，中国人相对而言还比较少见，此外，当时的美国人对中国人还抱有非常明显的偏见。据拉皮尔说，他在去宾馆的时候其实是非常担心的，因为那家宾馆“向来以对东方人持狭隘而偏执的态度著称”。

拉皮尔和他的两名中国朋友来到了前台，紧张地问接待员还有没有空的房间。让拉皮尔颇为惊讶的是，接待员并没有展现出那早已“闻名遐迩”的偏见，而是马上就帮他们安排了合适的房间。这不禁引起了拉皮尔的好奇心，难道道听途说和亲身经历之间会有这么大的落差吗？为了弄明白这个问题，拉皮尔回去后又给宾馆打了一个电话，问他们是否能够为“一位重要的中国客人”提供一个房间。结果宾馆的接线员态度很坚决地告诉拉皮尔，宾馆不为中国人提供住宿服务。

拉皮尔这次真是感到无比震惊了，看来大家说的是一套，而实际做的又是另一套，两者之间竟然存在着天壤之别。不过很快他就意识到在这家宾馆的经历可能只是一个特例。为了彻底调查这个问题，他必须到为数众多的宾馆和餐厅重复同样的情境。这让他想到可以带着两名中国朋友开车环游美国，进行一次实验之旅。

这次旅行全程长达 1 万英里，共造访了 66 家宾馆和 184 家餐厅。每到一家宾馆或餐厅，拉皮尔都让他的学生去询问能不能在那里住宿或进餐，并私下记录他们的要求是不是能够得到满足。研究最初阶段的结果和他此前的经历是一样的。他的两位中国朋友在每一个地方几乎都得到了热情而周到的服务，于是拉皮尔得出了如下结论：

基于金钱理由，很多美国人特别担心他们的白人客户会出现反感情绪，但他们对中国人其实一点儿都不歧视，他们的行为已经很好地证明了他们对中国人的态度。

6 个月后，拉皮尔开始了第二部分的研究。他给他们造访过的每一家宾馆和餐厅寄去了一份调查问卷，问他们：“你们愿意接待来自中国的客人吗？”为了隐藏实验的真实目的，这个问题只是诸多问题中的一个，其他问题是询问他们是否愿意接待来自德国、法国、美国的客人或者犹太人。这一部分实验的结果看起来令人非常困惑。超过 90% 的宾馆和餐厅选了“不，这里不欢迎中国人”，而剩下的 10% 选的几乎都是“不确定”。事实上，只有一家宾馆勾选了“欢迎”。拉皮尔和他的两名中国朋友在几个月前造访过这家宾馆。宾馆的老板在调查问卷上还加了简短的注解，说她之所以欢迎中国人是因为最近刚接待过一位来自中国的先生和他那温柔漂亮的夫人，这对夫妇留给她的印象非常不错。

在拉皮尔的研究中，人们说他们会依据当时的社会规范行事，但他们的实际行为却会截然不同。在最近的研究中，研究人员也获得了很多类似的证据，人们会说他们没有种族歧视（这符合当今的社会规范），但实际的行为中却充满了偏见。

所有这一切可以归结为一个简单的结论。当你要求大家评估一下自己有多好时，除了他们欺骗自己和他人的能力外，你什么见解也不会得到。由于人们不愿意或者无法准确地报告他们是好还是坏，所以很多研究这个主题的研究人员都选择了复制拉皮尔的实验方法。他们不再请大家勾选“圣人”或者“罪人”，而是脱下了他们的实验室服装，换上了常人服装，亲自到真实世界里去做秘密研究。

消失的手套、公文包和货车女驾驶员

在过去 25 年的学术生涯中，来自纽约市立大学的约翰·特林考斯教授一直致力于以科学的方式观察普通人的日常生活。特林考斯发表的学术论文已近百篇，其研究题材之广泛由此可见一斑。他曾造访过很多火车站，目的就是观察男性和女性所穿运动鞋的颜色（79% 的男性选择了白色运动鞋，但选择白色运动鞋的女性只占 34%）；他曾计算过电视上的天气预报员宣称他们的预报非常准确的次数和实际的准确次数（在他们号称准确的预报中，真正准确的其实只有 49%）；他曾到城市的贫民区记录反戴棒球帽的人数（正以每年 10% 的比率减少）；他也曾计算过电视访谈节目中受访人以"yes"（是的）回答问题的次数，希望以此勾勒出肯定回答的用语趋势——在他分析的 419 个问题中，"yes"（是的）被使用了 53 次，"exactly"（正是）被使用了 117 次，而"absolutely"（完全正确）被使用了 249 次。

特林考斯对运动鞋、天气预报、棒球帽戴法和"yes"的使用所做的调查显然都没有很明显的寓意。然而，他的其他一些研究却寓意深刻，尤其是他在人性惊人的可预测性方面所做的研究。特林考斯让几百名学生从 10～50 之间任意选一个奇数，结果发现大部分学生选的都是 37。他让大家再从 50～100 之间任意选一个偶数，结果大部分人选的都是 68。特林考斯随后把这个研究拿到了真实世界里，请 100 名拥有密码锁公文包的人告诉他密码锁的组合号码。结果发现，大约 75% 的人都没有改变密码锁的出厂设置，用数字组合 0-0-0 就可以打开他们的公文包。（在《别闹了，费曼先生》一书中，物理学家理查德·费曼提到，当他在位于洛斯阿拉莫斯的美国军事基地参与开发原子弹时，曾利用此类可预测性读取了高度机密的文件。有一次，仅仅通过尝试他觉得一名物理学家可能使用的不同号码组合，他就成功地打开了一位同事的保险箱。保险箱的密码是 27-18-28，设置该密码的依据显然是数学常数 e=2.71828。还有一次，费曼发现竟然没有人改过基地最大保险箱的出厂预设值，这意味着即便是技术并不娴熟的窃贼也可以在几分钟内打开这个重要的保险箱。）

在特林考斯所有的研究中，我最喜欢的一个被收录到了一篇鲜为人知的论文里，论文的题目是《浅谈消失的个人“物品”——手套》。在论文的起始部分，特林考斯提到自己的很多个人物品总会无故消失，比如一只袜子、雨伞或者一只手套。接下来他又谈到，雨伞丢失的问题已经得到了圆满的解决，因为他从街头的小贩那里买了好几把廉价雨伞（他观察到小贩出售雨伞的价格在雨天要比平时贵出 50%），不过，他并不乐意用同样的方法解决手套的问题。特林考斯希望能够彻底搞清楚手套消失之谜，因此做了一次长达 10 年的追踪研究，他仔细观察了消失的那只手套是属于左手还是右手，结果发现，神秘消失的左手手套数量竟然是右手手套数量的 3 倍。这让他怀疑自己可能是先摘下了右手的手套，并随手放在了口袋里，然后又把左手手套摘了下来，并放在了右手手套的上面。如果的确是这样的话，左手手套就会距离口袋边缘比较近，所以更有可能在走路的时候从口袋里掉出来。

特林考斯对消失的手套所做的研究激发了其他研究人员去探索与此类似的主题。2005 年，墨尔本马克发伦伯纳特医学研究院的三名研究人员梅根·莱姆、玛格丽特·海拉德和坎贝尔·艾肯做了一个实验，目的是探究公共厨房里的茶匙经常消失的原因。(或者，就像他们在该主题的科学研究论文中所使用的措辞，目的是回答那个古老的问题："那些该死的茶匙都到哪里去了？")研究团队偷偷地给 70 个茶匙做了标记，然后把它们分别放在了研究院的 8 个公共厨房里，在随后的 5 个月时间里，他们对茶匙的动态进行了追踪调查。结果显示，80% 的茶匙在这段时间里神秘消失了，其中有一半在前 81 天内就不见了踪影。还有一份调查问卷的数据显示，36% 的人说他们在一生中至少偷过一次茶匙，还有 18% 的人承认在过去的 12 个月里就偷过。该调查问卷的数据能够说明消失的茶匙并不是被吸到另一个维度去了（译者注：在道格拉斯·亚当斯所著的《银河系漫游指南》一书中，作者宣称茶匙可能是悄然移居到了一个完全由"茶匙状"生命居住的星球），而是有一个更为现实的诠释：人们把它们给偷走了。研究人员还提到，如果用研究院茶匙的消失比率乘以墨尔本所有的劳动人口，那么仅墨尔本这一个城市每年就会有 1800 万个茶匙神秘消失。如果把这些消失的茶匙首尾相连，它们就能够沿着莫桑比克的海岸线环绕一周。跟特林考斯所做的"消失的手套"研究不同，"消失的茶匙"开始被世界各地的研究人员复制，法国学者最近也做了一次研究，结果显示，在一家大型的餐厅里，仅在半年的时间内就丢失了 1800 个茶匙。

被人们窃取的茶匙让我们联想到了特林考斯在不诚实以及反社会行为方面的研究。在本章的稍后部分我们会看到，很多对此类行为感兴趣的研究人员探究的都是更为严重的偷窃行为或自私举动。特林考斯成功地开发出一种独特的研究方式，将关注的焦点放在了较小规模的社会违规行为上，比如说有人买了 10 件以上的商品却走超市的快速结账通道，或者在禁止停车的地方乱停车。他的研究带来了非常惊人的发现，显示了这些违规行为发生的频率有多高，从这些情况如何能够勾勒出整个社会道德沦丧的图景，以及这些违规行为与货车女驾驶员之间的关系。

1993 年，特林考斯和他的研究团队造访了美国东北部的一家大型超市。他们暗中观察了顾客在 75 种不同情境下的行为，每种情境持续观察 15 分钟。他们仔细计算了到底有多少人购买了 10 件以上的商品却依然到“10 件及以下”的快速通道结账。为了确保这项研究的科学有效性，他们连续数周在一天中的不同时间段对顾客进行观察，并在超市开放两个以上正常结账通道的情况下才记录顾客的行为（这意味着顾客完全可以选择正确的结账通道）。结果显示，在快速通道结账的顾客中 85% 都有违规行为，因为他们的购物篮中可不止 10 件商品。2002 年，特林考斯又在同一家超市重复做了一次实验，结果显示违规顾客的比例已经上升到 93% 了。如果以这样的变化速度计算，到了 2011 年，在使用快速通道的顾客中就再也找不到购买 10 件以下商品的顾客了。

做完 1993 年的实验之后，特林考斯还注意到了另外一种新的可疑行为。在使用快速通道的顾客中，有几个人会把购买的商品分成 10 件一组，然后分别放在传送带上结账。其中就有一名顾客成功地使用这种投机取巧的方法在快速通道结算了 29 件商品。发现了这种新的欺骗行为后，特林考斯意识到可以借此确定哪种类型的人最有可能违反社会规范。特林考斯使用了一贯的观察方法，让他的团队成员尾随这些人到超市的停车场，并偷偷地记下他们的性别和车型。结果显示：大约 80% 的违规者都是货车女驾驶员。

这可不是特林考斯第一次发现货车女驾驶员特别有可能做出反社会的行为。1999 年，他在学校附近计算超速驾驶的人数并对这些人加以分类，结果发现，96% 的货车女驾驶员都会超速行驶，但违规的货车男驾驶员只有 86%。就在同一年，他还计算了在丁字路口停车标志前未完全停车的驾驶员数量。总体而言，94% 的驾驶员没有遵守交通标志，但货车女驾驶员的违规比例高达 99%。2001 年，他花了 32 小时记录了 200 件机动车驶入行人专用路口的违规案例，结果发现 40% 的案例都跟同一类人有关，没错，你猜对了，就是货车女驾驶员。一年后，他在一个购物中心统计了人们将车子停在消防禁停区内的情况。结果发现，最不守规矩的还是货车女驾驶员，占到了所有违规人数的 35% 左右。

针对实验得出的数据，特林考斯提出了两种解释。第一，他怀疑“货车女驾驶员不经意间将职场中的授权概念带到了日常生活中”。依据这种解释，女性仍在适应她们在社会中所获得的权利，所以可能会不自觉地想要超越男性以往的行为，比如超速行驶、在禁停区停车或者对交通标志视而不见。第二，特林考斯指出，这些货车女驾驶员可能走在了社会道德沦丧的前沿，她们的这些行为预示着未来的人们可能都会这么做。

测试一个国家的诚实度

1997 年，《美国新闻与世界报道》周刊做了一次民意调查，问美国人谁“有可能”上天堂。比尔·克林顿的得票情况还不是很差，有 52% 的参与者认为天堂之门还是向他敞开的；戴安娜王妃的票数相对多了那么一点儿，有 60% 的参与者认为她可以上天堂；排在第二名的是特里莎修女，她的认可度达到了 79%。那么，以 87% 的认可度夺得冠军的又是哪一位呢？大部分人认为自己才是可以上天堂的首要人选。难道我们真的生活在几乎所有人都可能是圣人的社区或者国度里吗？

几年前，电视节目《世界在行动》请我帮忙设计几个小测验，以便检测一下这个国家的诚实度。我们并没有采用特林考斯观察细小违规事件的方法，而是决定更积极地行动起来，所以将关注的焦点锁定在了严重的自私行为上。很多的测验都是在最单纯的地方进行的，而且大部分的参与者都完全不知道自己已经参与了一项科学研究。

请想象你自己走到了一台自动取款机旁边。你刚要把自己的银行卡插进取款机，这时机器里突然吐出来一张 10 英镑的钞票。那么你会拿钱走人呢，还是会把它还给银行？

我所设计的第一个实验就是通过随机取样的方式看看人们对这种情

况的反应。经过特批，节目制作单位获得了某家英国知名银行自动取款机一天的掌控权。他们让工程师挪开了原有的取款机，换上了另外一个特殊的装置，只要有人站到该装置前面，它就会自动吐出一张 10 英镑的钞票。我们迎来了第一个不知情的顾客，她走到取款机前，就在此时，取款机突然吐出了一张 10 英镑的钞票。隐藏的摄像机正在记录着她的一举一动。结果证明这位女士相当诚实，她立即就拿着钞票走进了银行，走到柜台前交给了迷惑不解的银行工作人员，并向他解释到底发生了什么。不过，很遗憾，这位女士的诚实举动被证明只是一个特例，而不是常态。超过三分之二的人都会把钞票留给自己，还有一些人看起来“很善于把握发财机会”，他们会多次回到取款机前拿走钞票，其中最不诚实的一位竟然回来了 20 次之多。

为什么会有那么多人心安理得地拿走并不属于他们的钱呢？或许使用取款机做实验得出的数据会扭曲事实。人们可能会觉得拿走一台机器给他们的钱是一回事，但从另一个人那里把钱拿走就是另一回事了。事实上还有一些人觉得他们拿走的是银行的钱。可能那些不知情的参与者认为取款机吐钱出来是银行自己出错了，而这正好给了他们一个机会去拿回银行从他们身上赚到的钱，虽然只是很少的一部分。

为了验证这些想法，节目的制作单位又做了第二个实验。这一次，给他们钱的不再是机器了，而是另外一个人，实验的地点也从冷漠的自动取款机前改成了一家热情好客的商店。

设想一下你从商店里买了一本杂志，你给了收银员一张 5 英镑的钞票。你绝对没有想到，收银员找给你的零钱竟然是按 10 英镑的钞票计算的。在这种情况下，你会很诚实地把多找给你的钱还给收银员吗？

为了探讨公众在这种情境下的诚实度，节目制作单位征得一位全国性的报刊经销商的同意，在一天的时间内接管了其下属的一家连锁商店，并将其变成了我们的实验室。在研究的第一部分，研究人员要求收银员多找零钱。如果有人用 5 英镑的钞票付款，收银员就按 10 英镑找零，如果顾客给的是 10 英镑的钞票，收银员就按 20 英镑找零。当第一位不知情的顾客走进商店时，大家都等着看他是不是足够诚实，会不会坦承自己拿到了意外之财。结果显示，所有的人都收下了多找给他们的零钱，很多人在离开商店时脸上还露出了狡猾的微笑。

和所有的实验一样，我们也必须排除任何其他可能的解释，这一点非常重要。或许并不是人们不诚实，而是他们没有留意到收银员在找零时多给钱了（尽管他们笑了）。我们重复了刚才的实验，这一次，收银员大声地数出了零钱有多少。第二批顾客走进了商店，收银员仔细地数出了多出的零钱，并把它们交到了顾客的手里。那些用 5 英镑钞票付款的人是按照 10 英镑找的零，而那些用 10 英镑钞票支付的按照 20 英镑找零。结果显示，人们依然会收下多余的零钱，然后一言不发地离开。

为了进一步强调错误，在实验的倒数第二部分，研究人员要求收银员不仅要仔细数出多找的零钱并交到顾客手里，随后他们还得露出有点儿迷惑的表情，并询问顾客刚才给他们的钞票到底是多少面值的。我们觉得，这一次大家应该会坦诚地告诉收银员多找零了吧？但出乎我们意料的是，竟然还是没有一个人实话实说。有趣的是，顾客通常不会直接撒谎，而是先核实收银员是不是真的没有办法知道他们用于支付的是

10 英镑的钞票还是 20 英镑的钞票（“你不能看一下抽屉里吗？”），然后再趁机占商店的便宜。只有一个人指出了收银员的错误。在随后的采访中，这个人说他是基督徒，如果拿走多找的零钱耶稣会不高兴的。研究人员虽然可以尝试，但无论如何也没有办法去验证这种理论。

在研究的最后一部分，一名研究人员站在了商店外面，扮作市场调查人员。当看到刚拿了多找的零钱走出商店的顾客时，他就会走上去问他们几个跟诚实有关的问题。你觉得记者诚实吗？英国女王值得信任吗？最后，他会问一个最为重要的问题——“如果一家商店的收银员多找了很多零钱给你，你会诚实地如数归还给商店吗？”在最后一个问题出现之前，每个人都能迅速而明确地给出问题的答案。不，他们不信任记者。是的，他们觉得英国女王是诚实的。但在回答最后一个问题时，他们却突然支支吾吾了。虽然他们才刚刚做出了问题中提及的不诚实行为，却给出了相对较长，而且非常模糊的答案，比如，“我不记得上次发生这种情况是什么时候了”“我通常不看找了多少零钱”“我从来都没好好数过找给我的零钱”。看来，即便是在匿名调查中，人们也无法坦诚面对。

这项研究的结果呈现了一种有趣但令人沮丧的人性观点。在当今的英国社会，不道德的行为是普遍存在的。虽然绝大部分的人都号称自己是诚实正直的公民，但在有机可乘的情况下，我们中的很多人都是不诚实的。

不过，情况也并不是完全令人感到沮丧和绝望。我们又做了第三次研究，这也是最后一次了。结果显示，在谈到自私和无私时，细微的改变也会带来巨大的差异。我们重复了第一阶段的实验，但这次的场所不再是报刊连锁商店了，而是换成了街角的一家小商店。和报刊连锁商店的收银员一样，研究人员让小商店的店主也给顾客多找零钱。如果有人用 5 英镑的钞票付款，店主就按 10 英镑找零，如果顾客给的是 10 英镑的钞票，店主就按 20 英镑找零。这一次，实验的结果就大不相同了。在连锁商店做实验时，所有的顾客都会一声不响地拿钱走人，但换成街角小店后，一半的顾客都会立即把多找的零钱还给店主。看起来人们好像觉得多拿大公司的钱是可以接受的，但如果多找钱的是当地的一家小商店，那就不能把多找的钱据为己有了。在后续的采访中，很多诚实的顾客都表示，从跟自己差不多的人身上赚取意外之财就是不对的。他们的说法完全符合一个重要的理论，该理论能够影响我们在什么时候施与以及在什么时候获取。这一切都跟相似心理有关。

尼克松、按喇叭和俄罗斯妖僧

理查德·尼克松在不经意间曾为心理学做出过不少贡献。最早的一次美国总统大选电视辩论是在 1960 年。辩论的双方分别是尼克松和肯尼迪。当时收听广播的人觉得尼克松赢得了大选，但观看电视的人则表示肯尼迪会胜出。为什么？原因就在于尼克松在事先拒绝化妆，所以在整个辩论过程中他看起来满头大汗而且焦躁不安。研究人员发现，电视观众关注的焦点是他们所看到的，而不是所听到的，所以才会得出与广播听众截然相反的推论。尼克松对心理学做出的另外一个贡献就是著名的“尼克松效应”。政治丑闻“水门事件”曝光后，尼克松发表了辞职演说，尼克松看起来非常冷静而且镇定自若，但研究人员在分析他的面部表情时发现他一直在飞快地眨眼睛（频率显然超过每分钟 50 次），而这是内心极度不安的外在表现。后来研究人员探究了 8 次总统大选电视辩论中候选人眨眼睛的频率，结果显示，其中有 7 次是频繁眨眼睛的候选人输掉了大选。

在担任总统期间，尼克松在白宫的那段岁月也为研究人员探究助人为乐的心理提供了极大的帮助。他在越南问题上的立场引发了好几场当时最大的和平示威活动。1971 年 4 月，20 多万人聚集到华盛顿举行大规模的抗议活动。媒体关注的是这次抗议活动可能会对国际政治造成什么影响，但新泽西罗格斯大学的心理学家彼得·苏菲尔德和他的同事们却觉得这是一次绝佳的机会，他们可以借此对相似心理和助人为乐之间的关系进行一次秘密调研。

几个月前，研究人员已经告诉一名演员开始留长发和蓄胡子。在抗议开始的时候，他们给了这名演员一块写有“推翻尼克松”的牌子，同时就像他们在后来发表的论文中所说的那样，确保这名演员“全身上下都是嬉皮士的装扮”。一名女性研究人员把这名演员带进了人群里。预定的时间一到，这名演员就突然坐到地上，双手抱头假装身体很不舒服。接着实验者就会走向毫不知情的真正抗议者，并开始说出早已背熟的台词。

最初她会问抗议者能不能帮助自己的朋友，因为他身体很不舒服。

如果抗议者乐意伸出援手，她就会接着问他们是否介意帮她把朋友扶到人群外面。如果抗议者依然同意帮忙，她就会再问他们能不能帮忙把她朋友送到最近的急救站。抗议者如果到此时还没有拒绝的意思，那名演员就会请抗议者送他回 7 英里（约 11.3 千米）之外的家里。最后，演员会要求那些表示愿意送他回家的抗议者帮他出乘坐公交车的钱。到了这个时候，假装生病的演员突然就会完全康复了，他会对抗议者表示感谢，并告诉他们已经没有必要再帮忙了。

为了探究提供帮助和相似心理之间的关系，研究人员又在另一种不同的情境下重新做了一次这个实验。这一次，演员拿的是一个“支持尼克松”的牌子，头发剪了，胡子也剃了，而且还把嬉皮装扮改成了相对保守的着装（运动衫、休闲裤、休闲鞋）。唯一不变的就是事先准备好的那些台词——实验者和演员提出的所有要求都跟上一次实验时完全一样。

两种不同的情况得出了截然不同的结果。当演员装扮成嬉皮士，看起来很像一名和平的抗议者时，其他抗议者看起来就是乐善好施的撒马利亚人，很多人都会伸出援手，很多人愿意自掏腰包让演员坐公交车回家，还有一些抗议者甚至提出自己开车送演员回去，那些没钱也没车的抗议者竟然表示愿意陪着演员走 7 英里的路回家。可是，当演员把胡子刮干净并不再是嬉皮士打扮时，那些好心的和平抗议者就不再那么愿意帮忙了。在两种情况下，演员需要协助的理由是完全一样的，但在第二种情况下他变成了“敌对”阵营的一员。

这项研究阐释了一个非常简单却异常强大的概念。我们会帮助与我们相似的人。数十年来，研究人员多次找身上涂满番茄酱的学生躺在马路上求助，此类实验也一再地收到同样的效果。当需要帮助的人跟自己在年龄、背景和品位上都非常类似时，人们最愿意伸出援助之手。如果从进化论的角度看的话，这也完全是合理的。那些外表和行为都跟我们类似的人更有可能在基因上是与我们相关的，或者来自相同的部落，所以也更值得我们善待。

在探究相似性效应的各种实验中，我最喜欢牛津大学的约瑟夫·福格斯所做的研究，这项研究关注的是欧洲各国驾驶员按汽车喇叭的不同方式。福格斯的想法完全符合很多怪念头都具备的三大要素：有创意、很简单、有点儿奇怪。他请一名男士和一名女士开着一辆大众汽车公司生产的灰色甲壳虫轿车在德国、法国、西班牙和意大利游荡。他们会开车穿过规模大致相同的很多城镇，并尽量在红灯亮时排在所有等候车辆的最前面。当信号灯变成绿色后，他们会坐在车里一动不动，以此激怒后面的驾驶员。事实上，他们并不只是故意捣乱，而是会仔细记下紧跟其后的驾驶员按喇叭的方式，包括他们等多久才会开始按喇叭以及按喇叭的持续时间。这么做其实是有一定危险的。就在几年前，有人也做过类似的实验，有几个排在后面的驾驶员对实验者的行为极度不满，于是开始猛撞实验者驾驶的汽车。不过，福克斯和他的同事们都活了下来，他们不仅说出了研究的结果，更重要的是，他们还对收集到的数据进行了分析。

分析结果显示，最没有耐心的是意大利人，平均5秒钟后就开始按喇叭。接下来是西班牙人，大约6秒钟后开始按喇叭。法国人会等待7秒钟左右，而德国人是最有耐心的，他们大约在7.5秒钟后才会开始按喇叭。

在这一部分的实验中，实验者要非常谨慎地确保后面的驾驶员不会受到实验者国籍的影响。鉴于此，甲壳虫上印了一个非常明显的澳大利亚国徽。在研究人员看来，这“多少符合真正的‘外国’车的要求”，这意味着甲壳虫的驾驶员来自一个人们普遍认同的中立国家。到了实验的第二阶段，研究人员悄悄地把澳大利亚国徽换成了德国国徽，然后重复第一阶段的实验。这一次，意大利人、西班牙人和法国人都很快就变得不耐烦了，意大利人仅仅等了 3 秒钟就开始按喇叭，而西班牙人和法国人的怒火也在 4 秒钟左右迸发了出来。然而，在德国时的情况就大不相同了。在这里，按喇叭前的等待时间延长到了 8 秒钟左右。由此看来，像国徽这么简单的因素也会激发出人们的相似感和相异感，从而显著影响到驾驶员开始按喇叭前的等待时间。

用贴纸呈现出来的相似性在我们的生活中起着重要作用，这样的研究不止这一次。

1969 年夏天，美国警方与非裔美国人民权组织“黑豹党”之间爆发了多起流血冲突。弗朗西斯·豪伊森斯达姆当时正在加州州立大学教授心理学课程，他的很多黑人学生提到他们收到了很多交通罚单。豪伊森斯达姆注意到这些学生的汽车保险杠上都有支持黑豹党的贴纸，他想知道这些罚单到底是警察的偏见所致还是学生违规驾车导致的结果。

为了找出问题的答案，豪伊森斯达姆找来 45 名驾驶记录非常良好的学生参与一项特别的实验。他请这些学生都在汽车保险杠上贴上支持黑豹党的贴纸。所有参与者都签署声明，说他们不会刻意做任何会引起警察注意的事情，他们的汽车也都经过了仔细检查，完全符合上路行驶条件。此外，这些学生每天早晨都会宣誓要安全驾驶。实验开始后才两小时，就有一名参与者收到了罚单，理由是“变换车道不当”。第二天，又有5名参与者收到了罚单，理由都是小的违规行为，比如“尾随前方车辆太近”和“开得太慢”。参与者收到罚单后亲自去缴纳罚款，结果有人在开车去缴罚款时又收到了第二张罚单。仅仅在三周的时间内，这群学生就收到了多达33张罚单，实验只能被迫中止，因为豪伊森斯达姆已经没钱帮学生缴纳罚款了。豪伊森斯达姆说，当他宣布实验结束时，“那些还没有收到罚单的学生都松了一口气，马上走到自己的车边把支持黑豹党的贴纸撕掉了”。虽然这项实验的设计并不完美（豪伊森斯达姆建议，将来如果再有人做类似的实验，应该安排另外一组学生作为对照，对照组的汽车保险杠上应该贴上写有“美国——要么爱她，要么走人”字样的贴纸），但结果显示，即便是一张小小的贴纸也可以影响人们是伸出援助之手还是蓄意加以阻挠，即便他们的职责要求他们必须公正无私。

加利福尼亚州圣塔克拉拉大学的杰瑞·伯格教授和他的同事们想要知道：人们在遵循相似性原理时会不会做出非常离谱的行为。比如说，他们会不会因为彼此拥有毫无意义的相似点（比如生日是在同一天）而去帮助陌生人？

伯格和他的研究团队打着进行占星术实验的幌子将志愿者请到了他的实验室。实验者会将志愿者介绍给另外一名参与者（其实是一名演员假扮的），然后给他们两个人各发一张表格。表格的正面要求他们填写各种个人信息，其中包括他们的姓名和出生日期。在一半情况下，当真实的参与者填写完自己的出生日期后，演员会偷偷地看一下，然后在自己的表格里也填上同样的日期。在另一半情况下，演员则会故意填写一个不同的日期。

随后实验者会要求每一名“志愿者”大声说出自己的出生日期，号称这么做是为了确保他们能够得到非常准确的星座解析资料。有一半的参与者会惊讶地发现一个意外的巧合——他们的生日竟然是在同一天！（当然了，另外一半的参与者会发现他们的生日不同。）接着，实验者会请参与者和演员评估星座解析资料的准确度，并说评估完成后就可以离开实验室了。志愿者觉得实验已经到此结束了。但事实上，实验才刚刚开始。

当两个人一起穿过走廊时，演员会从自己的包里拿出一篇长达 4 页纸的文章，然后问志愿者是否介意仔细阅读一遍，并就文中的论点是否有说服力写一篇评论。那么，相信两人的生日是在同一天的志愿者是否会更愿意帮忙呢？结果显示，在知道自己的生日和演员不在同一天的志愿者中，大约有三分之一的人乐意帮这个忙。但在“天哪，我们的生日竟然是同一天，这真是太巧了”这一组，几乎三分之二的志愿者都很乐意帮忙。仅仅因为两个人的生日相同，就足以说服人们腾出宝贵的时间去帮助一个完全陌生的人。

亚利桑那州立大学的芬奇教授和西奥迪尼教授甚至证明了同样的效应竟然会让人们对他人的罪行和不端行为视而不见。在研究过程中，他们请参与者阅读描述“俄罗斯妖僧”拉斯普京可怕罪行的小传，然后请他们评估拉斯普京听起来像个好人的程度。参与者并不知道，实验者已经事先获取了他们的出生日期并对他们拿到的小传做了手脚。其中一半的参与者会看到拉斯普京的生日和他们是在同一天。当参与者发现这名妖僧的生日和他们一样时，他们就会忽视他所犯下的罪行和他的那些邪恶行径，他们竟然觉得这个人还是非常讨人喜欢的。

汤姆·戴斯蒙德、捐款箱和《医疗中心》

在本书的第 3 章里，我曾描述过斯坦利·米尔格兰姆那颇具创意的、探究“小世界”现象的实验。他的实验有助于解释为什么人们会经常与朋友的朋友巧遇。在没做传递包裹的大型游戏时，米尔格兰姆也做了很多探究亲社会和反社会心理的研究。在 20 世纪 60 年代末期，他将关注的焦点转向了当时最为热门的问题：就伤害或帮助他人而言，我们的行为受电视影响的程度到底有多大？简而言之，我们所观看的电视节目能够塑造我们置身其中的社会吗？

有些人对电视中暴力内容的数量进行过调查，调查结果也进一步强化了此类研究的重要性。1971 年，一名研究人员发现，在黄金时段的电视节目中，暴力内容出现的频率竟然高达每小时 8 次。几年后进行的另一项研究则发现，儿童节目中也“充斥着暴力”，71% 的节目中至少包含一个暴力举动。这种情况并没有随着时间的流逝而改变。最近的一次调查显示，在孩子们小学毕业时，他们已经在电视上亲眼看过8000起谋杀案和超过10万次其他暴力行为了。

此前有关该主题的研究规模都很小，而且都是在实验室内进行的。实验者会让孩子们看一些暴力卡通，然后仔细计算他们击打背后大型充气娃娃的次数。米尔格兰姆决定做一次大规模的研究，而且要在实际生活场景中探究电视对整个美国的可能影响。

哥伦比亚广播公司给了米尔格兰姆一大笔赞助金，他因此得以说服电视编剧为在黄金时段播出的热门连续剧《医疗中心》中的一集编写不同的结局。米尔格兰姆原本考虑过使用《碟中谍》，但后来放弃了，因为在他看来，这部戏中"会定期出现相当数量的暴力情节，与之比起来，我们的实验中涉及的暴力行为简直就不值一提了"。在这一集中，医院的护理员汤姆·戴斯蒙德失去了工作，所以没有办法照顾自己生病的爱妻和孩子。其中的结局之一是戴斯蒙德砸碎了几个捐款箱，偷走了里面的钱，但没有被警察逮到。在另一种结局中，他同样偷了捐款箱里的钱，但被警察逮到了。作为对照，实验者还使用了一种"中立"的结局，用米尔格兰姆的话说，这种结局是"浪漫和感伤的，里面没有丝毫暴力或反社会的行为"。米尔格兰姆请来了著名电影导演文森特·舍曼拍摄不同版本的结局，舍曼曾和好莱坞明星贝蒂·戴维斯以及艾露·弗莲合作拍过几部非常成功的影片。

1971年4月，哥伦比亚广播公司在不同的时段播出了三种不同的结局，米尔格兰姆精心设计了一种巧妙的方式去衡量不同节目对观众行为的影响。在节目播出前，他给住在纽约市和圣路易斯市的数千人寄去了一封信，信中说他们已被选中参加一个市场调查，并要求他们在指定的时间观看某一集《医疗中心》。然后再请他们完成一份和节目中的人物以及节目间隙插播的广告有关的调查问卷。信中还说，如果在节目播出后寄回完整填写的问卷，就可获赠一台新收音机，观众可以自己到市中心的“礼品配送中心”领取收音机。

事实上，“礼品配送中心”是一个冒牌的仓库，里面有很多演员，还暗中架设了几台摄像机。当观众抵达时，他们会走进一间空空荡荡的办公室，并看到以下的启事：

我们已经没有收音机赠送给您了。配送中心目前已关闭，具体开放时间另行通知。

唐突的告示和收音机的短缺其实都是精心设计的，目的就是激怒参与者。房间的一面墙边还放着一个捐款箱。箱子里已经堆满了现金，对于有不良企图的人来说绝对是一个很大的诱惑。实验者甚至还刻意让一张 1 美元的钞票悬在了捐款箱的外面，目的就是诱使人们去砸开捐款箱。这个聪明的设计让米尔格兰姆得以观察看过戴斯蒙德从捐款箱里偷钱的观众是不是更有可能犯罪。几分钟后，参与者会试图转身离开那栋建筑，可是发现刚才进来的那扇门已经被锁上了，于是只能沿着一系列出口标志往外走。这些标志会把参与者带进一个小房间，他们在那里会遇到一名工作人员，后者会向他们解释说事实上还有收音机，并把参与者应得的礼物送到他们手中。

大约有1000名观众到礼物配送中心领取收音机。在纽约市，哥伦比亚广播公司播出的是一集中立的《医疗中心》和戴斯蒙德偷钱且被抓住的那一集。9%观看中立结局的参与者拿走了悬在捐款箱外面的钞票或者砸碎了捐款箱。那么观看戴斯蒙德偷钱并受到惩罚会增加参与者偷窃的可能性吗？事实上，这种结局看起来会让人们变得稍微诚实一点儿，只有4%的参与者拿走了悬着的钞票或砸碎了捐款箱。在圣路易斯，哥伦比亚广播公司播放的是中立的结局和戴斯蒙德犯罪但未受到惩罚的结局。大约只有2%观看中立结局的参与者表现出了不诚实的行为，看到戴斯蒙德偷钱但未被警察逮住的参与者中有3%表现出了不诚实的行为。

由于担心观众观看电视节目和去礼物配送中心之间的时间间隔太长，从而对实验结果造成潜在的影响，米尔格兰姆又在消除了时间间隔的情况下重新做了一次实验。在这项新的研究中，研究人员给纽约时代广场地区的人发放“观赏彩色电视预告片的免费票”。接受免费票的人会被带到附近建筑内的一个房间里，房间里只有一台电视机、一把椅子和一个捐款箱。参与者会被单独留在房间里观看特别为《医疗中心》中的一集拍摄的结局，研究人员会在暗中观察他们会不会拿走捐款箱里的钱。结果证明，这次实验并不成功。大部分接受免费票的人是酗酒者、吸毒者和无家可归的人（有几个人甚至询问他们是否可以睡在实验室里），而且后续出现的反社会行为（比如参与者随地小便和威胁工作人员）迫使实验不得不提早结束。据我所知，这是唯一一个以研究反社会行为心理为目的却因反社会行为中止的实验。

米尔格兰姆花费巨资和精心策划的广泛研究显示，电视节目对公众的行为并没有太大的影响。这个研究结果引发了一些争议，有些人主张这是反对以任何形式的立法规范电视节目的决定性证据，另一些人则对米尔格兰姆的研究方法进行了批评，并主张应该建立电视节目审查制度。

这次大规模的电视实验并不是米尔格兰姆唯一一次探究亲社会和反社会行为。他的另一项贡献影响力更大，而且他所设计的那种研究方法至今仍被世界各地的心理学家广泛使用。米尔格兰姆的点子本身很简单，和不经意地在大街上丢信封的举动有关。

丢信封和纳粹党的朋友

1963 年，米尔格兰姆和他的研究助理看似漫无目的地在康涅狄格州纽黑文市的 10 个街区游荡，但暗中却在电话亭里、人行道上和商店里丢下了 300 个信封。信封上地址的第一行写着“纳粹党的朋友”“独裁党的朋友”或者“医学研究协会”，第二行的地址都一样，都是康涅狄格州的一个邮政信箱。米尔格兰姆认为，当人们觉得自己在一定程度上支持信封上所列的组织时，他们就更有可能把它捡起来并投入邮筒。结果证明米尔格兰姆猜得没错。70% 地址栏中写着“医学研究协会”的信封被寄回了，而那些写着“纳粹党的朋友”或“独裁党的朋友”的信封被寄回的比例仅为 25%。

研究结果显示，只要使用这个简单的技巧，就可以在不问人们任何问题的情况下衡量出大众的观点。这么做可以巧妙地发现人们对某个问题的真实想法，所以根本无须依赖那些并不可靠的调查和民意测验。

然而，这个技巧本身也存在一定的问题。米尔格兰姆担心散发那么多写给纳粹组织和独裁组织的信封可能会引起公众和警察的怀疑。为了避免引起不必要的关注，他在研究项目启动之前跟美国联邦调查局取得了联系，并把研究项目的详细情况告诉了他们。结果证明米尔格兰姆的谨慎做法并没有起到什么作用。当他在实验结束后再次给联邦调查局打电话时，他们的特工说不记得接过米尔格兰姆的电话，并暗示说目前已经有大批特工正在调查此事。联邦调查局并不是唯一的问题所在。米尔格兰姆还提到，参与项目的研究人员也有诸多抱怨，说为了确保信封的散发地点达到理想状态他们不得不走很远的路，结果累得双脚酸疼不已。更糟糕的是，刚刚丢下的信封常常被“好心”的路人发现，他们总会把它捡起来然后交还给实验者。

不过，由于这些实验技巧看起来很有潜力，所以米尔格兰姆设计并测试了很多方法去克服这些问题。比如说，他曾尝试在行驶中的汽车上散发信封。为了避免引起怀疑，这种做法只适合在夜间使用，结果导致这些信封的落点并不是实验者所期望的，而且还常常正面朝下。米尔格兰姆并没有就此灰心丧气，他又租用了一架轻型飞机，在马萨诸塞州伍斯特市上空投下了数百个信封。结果证明这种做法也不成功。很多信封最后挂在了树上或落在了屋顶上。最糟糕的是，有些信封竟然飘进了飞机的副翼里，危及了飞行员和研究人员的安全。

尽管遇到了这些挫折，米尔格兰姆还是把丢信封的方法用到了其他一些研究中。比如说，他曾用此方法衡量过北卡罗来纳州白人或黑人住宅区里种族偏见的程度。在另一项研究中，他成功地借用这种技巧预估1964年总统大选的结果，当时的两名候选人分别是戈德华特和约翰逊（虽然他大大低估了约翰逊获胜的比例）。

直到今天，社会心理学家还在使用这种技巧探究大众在诸多问题上所持的观点，其中包括克林顿的弹劾案、同性恋问题、堕胎、阿以关系，以及北爱尔兰的天主教徒和新教徒对彼此的态度。1999年，一个名叫卢卡斯·汉夫特的学生做了一项大型实验，在曼哈顿和纳苏郡丢下了1600个信封，收件人分别是支持或反对同性恋结婚的虚拟组织。结果显示，与住在郊区的人相比，那些住在城市里的人观念比较开放。不过，汉夫特也经历了米尔格兰姆曾经遇到过的很多问题，比如说，就曾有人威胁说要以乱丢垃圾为由逮捕他。

多年来，心理学家对最初的丢信封技巧做了一些改良，并采用新的技巧去衡量不同社区和国家的助人为乐水平。这些后续研究的结果已经帮助人们分辨出了谁肯伸出援手以及在何时会这么乐善好施。有些最有趣的实验选择的研究对象是在公众心目中最乐于助人的一群人——虔诚的宗教信徒。

好心的撒马利亚人寓言和其他宗教神话

探究宗教和助人为乐关系的研究结果显示，通常来说，信奉宗教的人常会帮助那些需要帮助的人。不过，此领域内一些更为搞怪的研究对此提出了质疑，这些研究关注的焦点是这些乐善好施的行为是否能够始终如一。

20 世纪 70 年代，伊利诺伊州密利克大学的心理学家戈登·福布斯和他的同事们想要弄明白哪个宗教团体最乐善好施，哪个最不愿助人。直接询问经常去教堂做礼拜的人他们是不是好人似乎毫无意义，因为每个人都会说自己是好人。相反，研究人员咨询了一位博学多才的神学家，请他分别找出某个地区最开放和最保守的 10 个教堂。在周日礼拜时，研究人员悄悄地走到教堂的外面，把信封丢在教堂的门口和停车场里。接着他们也在当地天主教堂的弥撒时间重复了同样的举动。

这些信都是密封好的，但都没有贴邮票，收信人都是当地的居民“弗雷德·加斯里夫妇”。为了确保丢在开放教堂、保守教堂和天主教堂的信件能够加以区分，实验者为弗雷德设计了三种不同的中间名首字母。粗略来说，丢在三类教堂外面的信封都有 40% 左右顺利寄达了收件人。由于所有的信封上都没有贴邮票，所以捡到信封的人必须做出自己的选择。他们可以在信封上贴上一张邮票然后再投进邮筒，也能够以欠邮资的形式寄给收件人。研究结果显示，天主教徒和开放派人士显得更为慷慨一些，分别有89%和87%的人自掏腰包在信封上贴了邮票。但只有42%的保守派人士会如此好心，剩下的信封都因欠邮资被退回。正如研究人员所言：

> 这些研究结果显示，保守派人士和开放派人士以及天主教徒一样乐于帮助陌生人，但他们不太愿意为此多花几分钱。

这并不是唯一质疑虔诚的宗教信徒助人为乐意图的实验。1973年，普林斯顿的心理学家约翰·达利和C.丹尼尔·巴逊针对宗教和助人为乐做了一项值得关注的研究。在实验开始时，他们请全球最顶尖神学院的实习牧师依据好心的撒马利亚人寓言准备一篇布道词。这个广为人知的圣经故事说的是有个人被窃贼痛打了一顿，此时正躺在路上呻吟。有好几位牧师从这名男子的身边走过，但他们都没有停下前行的脚步。最后，一个好心的撒马利亚人特意走上前去帮助这名男子。寓言的末尾鼓励大家都要去帮助那些需要帮助的人。那些实习牧师准备好布道词后，研究人员告诉他们布道的地点是在另一幢建筑内，然后把新地点的方位告诉了他们，让他们自己过去。但实验者会在路上暗暗地观察这些实习牧师的一举一动。

两幢建筑之间的距离并不是很远，但每名参与者都会在途中遇到一个显然需要帮助的人（事实上是一名演员扮的）。这个人头朝下倒在台阶上，双眼紧闭。每位参与者经过时，演员都会发出一声足以让人听到的呻吟，并咳嗽两声。实验者想要知道这些实习牧师会不会言行一致，帮助那名男子，履行自己在布道词中所宣讲的内容。虽然他们走在去布道的路上，而且布道的内容还是成为一个好心的撒马利亚人是多么重要，但有一多半的参与者径直从这名男子的身边走了过去。有些人事实上是从他身上跨过去的。后来研究人员对这个实验做了一些轻微的改动，实验者告诉另外一组实习牧师他们必须尽快赶到另一幢建筑内布道。这一次，竟然只有 10% 的参与者停下来对路边的男子伸出援助之手。这项实验揭示出许多与人性有关的信息，其中就包括人们在言行方面的巨大差异，以及快节奏的生活如何助长了漠不关心的文化。

在本章靠近前面的部分，我描述了电视节目《世界在行动》针对一个国家的诚实度所做的一系列研究。其实，节目制作单位还做了另外一项研究，目的就是比较社会上人们最信任和最不信任的两类人在诚实度上的差异，这两类人分别是牧师和二手车商。最近的盖洛普民意调查结果显示，59% 的人认为神职人员是诚实的，但只有 5% 的人觉得汽车销售员比较诚实。那么这种观念能够真实反映现实中的诚实度吗？为了找出问题的答案，研究团队成立了一家虚假的室内装饰公司，公司的名称就是“诚信”。他们以新公司的名义给一群牧师和二手车商寄了一封信，感谢他们最近购买公司的产品，并随信附上了一张 10 英镑的支票作为返款。所有收到信的人都应该很清楚他们并没有从这家公司买过任何东西，但其中会有多少人不诚实地把这张支票兑现呢？结果证明两组人的表现没有太大的区别，大约 50% 的牧师和 50% 的二手车商都将拿到的支票兑现了。

城市生活

加州州立大学的罗伯特·莱文曾对米尔格兰姆的丢信封技巧进行了轻微的改动，并借助新的技巧评估全球各地的好心程度。

莱文最初的研究是探索美国 36 个主要城市的人是不是乐于助人。他和自己的研究团队并没有在大街上丢信封，而是把实验地点选在了停车场，把贴有邮票、写好地址的信封放到了随机选出的汽车风挡玻璃上，并在旁边放了一张手写的小卡片，卡片上的文字是“我在你车子的旁边看到了这封信”。他们想看看从每一个地区能够收到多少封信。其他一些实验也为这个关于好心程度的测试做了有益的补充。他们在随机选择的人面前走过，刻意把钢笔掉在地上，然后计算有多少人会把钢笔捡起来并交还给他们。一名非常健康的实验者故意绑上假腿支架，然后假装费劲地去捡刚掉在地上的一摞杂志，而另一位隐藏的实验者会观察公众对此情景的反应。同一位研究人员还曾戴上墨镜，手拿一根白色的拐杖，看有多少路人会主动搀扶自己穿过交通繁忙的街道。

为了让这些测试尽可能地科学，莱文投入了大量的时间和精力。比如说，在掉钢笔的实验中，研究人员会持续以标准的步行速度（每秒钟 1.5 步）走向对面过来的人，事先不断练习很自然地伸手到口袋里，并在看起来没有注意到的情况下，让钢笔掉在地上。在装扮成盲人的时候，研究人员选择的站立位置是“有斑马线和交通信号灯，而且行人流动的频率和数量都比较适中”的街角。在绿灯亮的时候实验者会走到街角站好，然后私下计算多久以后才会有人来搀扶他们穿越马路。

整体而言，生活在东南部小城镇的居民最乐于助人，而住在东北部大城市的居民最不愿意向别人伸出援手。最乐于助人的城镇是纽约州的罗彻斯特市；以微弱劣势屈居亚军的是得克萨斯州的休斯敦市；第三名是田纳西州的纳什维尔市；第四名是田纳西州的孟菲斯市。美国最不友善的城市是新泽西州的帕特森市；排名倒数第二名和第三名的分别是纽约市和洛杉矶市。

事实证明，丢信件的实验结果非常有趣。在纽约，有些寄回的信件上写有发泄愤怒和不满的辱骂性文字。莱文在《时间地图》一书中对这个实验做了如下描述：

我只从纽约收到了一个被完全拆开的信封。在信封的背面，那位帮忙寄信的人用西班牙语写道：“Hijo de puta iresposable。”如果翻译过来，这就是一句相当难听的骂娘的话。在这句话的下面，则是直接用英语写的“Fuck You”（去你的）。

在罗彻斯特，情况就大不相同了。一位匿名的好心人在帮忙寄出丢失的信封时随附了一段措辞和善的话，最后还说这让他想到了米尔格兰姆的“小世界”实验。他在信封上问了莱文一个问题：“你和新泽西州或者长岛的莱文家族有亲戚关系吗？”

全国性研究的成功让莱文和他的同事们决定冲出国门，走向世界。他们造访了23个国家的首都，丢了400多支钢笔，戴了500多次假腿支架，并丢了大约800个信封。丢信封技巧被证明在各种文化中都会是一场噩梦。在特拉维夫，放在地上或汽车风挡玻璃上的包裹和信封往往会被当成炸弹，因此所有人都会远离这些东西。在萨尔瓦多，这些信封会引起人们的怀疑，因为它们跟一种著名的诈骗伎俩有关。如果有人捡起了信封，就会发现自己身边站着一个人，后者会说信封是他的，而且信封里放着一些现金。但现在信封里的钱却不见了，所以他们要求捡信封的人把他们辛苦挣来的钱还给他们。有些国家根本就没有邮筒，或者就像阿尔巴尼亚一样，没有可以信赖的邮政系统。不过，尽管面临重重困难，研究人员还是坚持下来了，并最终绘出了国际助人为乐排行榜。

研究结果对于拉丁美洲人来说的确是个好消息，里约热内卢（巴西）和圣何塞（哥斯达黎加）排在了最乐于助人城市的前两位。位居第三的是非洲的利隆圭（马拉维）。排在倒数前三名的分别是新加坡（新加坡）、纽约（美国）和吉隆坡（马来西亚）。不同地区在助人为乐上的差异程度还不是一星半点。在里约热内卢和利隆圭，大街上的每一个“盲人”实验者都得到了帮助，然而，他们在新加坡和吉隆坡成功得到帮助的比例竟然只有50%。在圣何塞，95%的人都会帮装有假腿支架的实验者捡起掉在地上的杂志，但在纽约却只有28%的人愿意伸出援手。

对美国城市里助人为乐的情况做了进一步的深入分析后，莱文和他的同事们发现，人口的密集程度是预测助人为乐程度的最佳指标。人口密度越大，助人为乐的程度就越低，这又是为什么呢？依据米尔格兰姆的理论，在人口众多的城市里，人们会有更多的“感觉超负荷”经历。来自他人、手机、交通和广告的各种信息一直在对人们狂轰滥炸。结果他们就只能和所有需要处理大量信息的系统一样工作，那就是给所有的信息排列优先顺序，花最少的时间应付各种分散其注意力的琐事。米尔格兰姆认为，正因如此，人们才会从需要帮助的人身边径直走过去，从而把帮助这些人的责任推到了别人身上。所有这一切导致了一种自相矛盾的现象：某一个空间里的人越多，人们的孤独和孤立感就会越强。

然而，莱文感兴趣的还不仅仅是城市规模和市民助人为乐程度之间的关系。他还想知道帮助他人的意愿是不是还会受到城市生活节奏的影响。

衡量生活节奏

莱文和他的同事们急于用数字解密这些令人困惑的因素，于是在全球范围内造访了 31 个国家和地区，通过三个指标去衡量各地人们的生活节奏。

他测量了随机挑选的行人走过一条 60 英尺长的人行道时的平均速度，到各个邮局暗中计算工作人员为只购买一张邮票的顾客服务时所需的时间，在随机选出的 15 家市区银行记录时钟的准确度。

这项研究工作非常系统化。在测量步行速度时，调查人员要确保路面是平坦的、没有任何障碍物，而且不会太过拥挤。孩子、身体明显有残疾和边走边浏览橱窗的人都未被纳入分析范畴。在计算邮局服务时间时，实验者会递给工作人员一张用当地语言写好的纸片，以最大限度地减少跨文化沟通可能遇到的障碍。分析结果显示这三种衡量方式是彼此相关的，这意味着它们的确可以当作一个城市生活节奏的衡量指标。

莱文把这三个指标合并为一个简单的速度衡量指标。结果显示，在全球范围内，瑞士人的生活节奏是最快的（瑞士银行的时钟只有 19 秒的偏差），爱尔兰人和德国人的生活节奏分列第二名和第三名。在生活节奏最快的 9 个国家和地区中，竟然有 8 个都来自西欧（日本排在第四名，是快节奏生活榜单上唯一的例外）。英格兰排在第五名，但英格兰人的步行速度在整个榜单上名列第四。唯一一个没有进入前十名的西欧国家是法国（紧跟中国香港之后排在第十一位），莱文将其未能入围前十的原因归结为当时的法国正在经历一个有史以来最为炎热的夏季。生活节奏最慢的三个国家分别是巴西、印度尼西亚和墨西哥。排在倒数前八名的国家和地区全部都来自非洲、亚洲、中东和拉丁美洲。如果仅就美国而言，生活节奏最快的城市是波士顿（以微弱的优势打败纽约位居榜首），排在最末尾的城市是洛杉矶。这项实验再一次收集了纽约人比较粗鲁的证据，实验者只在两个城市遭到了邮局工作人员的无礼对待，纽约就是其中之一（另一个是布达佩斯）。

莱文发现了一些证据，这些证据表明在生活节奏较慢的城市里，人们会更乐于助人。正如米尔格兰姆的“感觉超负荷”理论所预测的那样，匆匆忙忙的时候越多，人们就越没有时间去注意那些与其主要目标无关的因素。

住在生活节奏较快的社会里会有很多缺点，这只不过是其中之一罢了。20 世纪 80 年代末期，莱文和他的研究团队造访了 36 个美国城市，比较了城市的生活节奏和市民因冠心病死亡的比率。他们的推测其实很简单。如果住在生活节奏比较快的城市里，人们就更可能拥有 A 型人格。这种类型的人有一些明显的特质，这些特质非常强调紧迫感、竞争以及在最短的时间内匆匆忙忙地完成更多的事情。A 型人格的人说话都比较快，经常会抢着帮别人把话说完。在进餐的时候他们总是第一个吃完，而且看表的次数远远多于其他人。有些研究人员认为这种生活方式会给人体造成巨大的压力。莱文的研究结果显示，快节奏的生活会导致城市里出现更多的烟民，而且冠心病的发病率也会大大增加。进一步的分析显示，每一个城市里人们的步行速度和戴手表的人数是非常准确的问题指标。那么，这些因素之间为什么会有不健康的关联呢？或许是 A 型人格的人被吸引到了生活节奏较快的城市。也可能是城市中快节奏的生活让更多的人变成了 A 型人格。也有可能这两种情况是并存的。无论如何，有一点已经非常明确了——快节奏的生活不仅会让人们变得不那么乐于助人，而且还对身心健康有害。

一起来吧

莱文在全球范围内所做的丢杂志、丢钢笔和丢信封实验显示，人口密度和生活节奏并不是唯一影响助人为乐的因素。你关心别人，还是只顾自己？有些心理学家认为人们回答这个问题的方式在很大程度上会受文化背景的影响。研究人员发现，有些社区和国家信奉“个人主义”价值观。这些社会特别强调个人的需求和权利，而不太重视有益于群体的回馈活动。与此相反的是集体主义价值观，人们会把自己当成更大群体（可能是家庭，也可能是某个组织或整个社会）的一分子，所以倾向于为大局着想。莱文的研究结果中有确凿的证据显示，高度个人主义的社会（比如美国、英国和瑞士）远没有集体主义社会（比如印度尼西亚、叙利亚和中国）那么乐于助人。其他一些研究表明，这种效应在我们很小的时候就已经出现了。当研究人员让4岁的孩子为自己的玩具娃娃编故事时，印度尼西亚的小朋友编的故事中会有更多友善的角色，但美国、德国和瑞典的孩子编的故事并非如此。

社会心理学家菲利普·津巴多所做的戏剧性研究最能够证明关爱型社会带给人们的影响。和斯坦利·米尔格兰姆（做过服从权威、小世界、丢信封和电视暴力实验）一样，津巴多也做过一系列早已经受过时间考验的实验，其中最为著名的或许就是现在已臭名昭著的“监狱”实验。在实验中，津巴多让随机分组的大学生分别扮演监狱的看守和犯人，并让看守以极其残暴的方式对待犯人。进行此类备受关注的实验并不是津巴多和米尔格兰姆唯一的共同之处。他们在小时候都就读于纽约市布朗克斯区的詹姆斯·门罗高中，甚至有几堂课还做过同桌。和米尔格兰姆一样，津巴多也对研究助人为乐的心理很感兴趣。

他对该领域最大的贡献就是探索了社区对反社会行为的影响。津巴多把一辆二手车的发动机盖打开，并在未锁车门的情况下把它停在了纽约大学对面的大街上，然后躲到一边偷偷地用摄像机记录接下来可能发生的一切。仅仅 10 分钟后，一辆刚巧经过的汽车停了下来，一家人从车上走了下来。母亲飞快地拿走了车内所有值钱的东西，父亲则用钢锯把散热器拆了下来，与此同时，他们的孩子正在翻腾汽车的后备厢。大约 15 分钟后，又有两个人用千斤顶把汽车支起来，然后拆走了所有的轮胎。在接下来的几小时里，又有很多人停下来洗劫了这辆破车，直到最后只剩下一堆废铜烂铁为止。要知道，这些反社会的行为可都是在光天化日之下进行的。两天之内，津巴多就偷偷拍下了 20 多起破坏事件（大部分都是中产阶级白人男人在光天化日之下干的），车子被洗掠的程度可谓惨不忍睹，最后津巴多不得不叫了两辆卡车才把那堆废铜烂铁从街上拉走。

随后，津巴多又把一辆类似的汽车（发动机盖也是打开的）停在了位于加州帕洛阿尔托的斯坦福大学对面的一条街上，据说住在该区域的人具有很强的社区意识。结果证明，这里发生的情况和纽约市截然不同。在长达一周的时间里，这辆车没有受到任何人的破坏。在下雨的时候，还有一名路人好心地把汽车的发动机盖给盖好了，以便保护里面的发动机。当津巴多最终去把车子开走时，竟然还有三个人报警说有人偷了一辆被遗弃的汽车。

那么，一个人如何才能树立社会责任感呢？你如何才能让人们不再仅仅关注自己的需求，不再只考虑自己，而是转而把自己当成更大社区的一分子呢？斯坦福大学的心理学家乔纳森·弗里德曼和斯科特·弗雷泽给我们带来了一个好消息，他们的研究工作显示，要做到这一点其实并不需要大费周折。

在研究的第一部分，一名研究人员装扮成了志愿者。他们到加利福尼亚州的一个居民区挨家挨户拜访，询问人们是不是介意在自家的花园里放一个提倡限制车速的告示牌。不过有一个小小的问题，那就是这个告示牌实在是太大了，如果放在花园里，那整座房子和整个花园的美感就全部给破坏了。为了让人们清楚直观地了解这一点，研究人员会给人们看一张照片，在某个人的花园里立着一块巨大而丑陋的告示牌，上面写着“小心驾驶”。告示牌在照片上看起来非常显眼，不仅遮住了大半个房子，而且还挡住了门前出入的通道。结果可想而知，并没有多少人愿意帮这个忙，当然这也没什么可奇怪的。

在实验的第二阶段，研究人员去了另外一个社区，而且提出了几乎完全相同的问题。不过，这一次出现的告示牌要比上一次小多了。事实上，告示牌的面积仅为3平方英寸（约19.4平方厘米），上面的文字也改成了“做一名安全的驾驶员”。看起来这只是一个很小的请求，所以几乎每个人都说可以帮忙。两周后，研究人员又回来了，这一次，他希望能把告示牌换成大的。结果显示，76%的人竟然也同意了把那么丑陋的告示牌摆在自家的花园里。

为什么会有如此巨大的差别呢？弗里德曼和弗雷泽认为，同意接受第一个小告示牌已经对居民看待自己的态度产生了巨大的影响。突然之间，他们就变成了乐于伸出援手的人。他们是良好的公民，是乐意为了顾全大局而牺牲小我的人。因此，当面对一个巨大而丑陋的告示牌时，他们最终很可能会做出接受的决定。这是一个教导人们如何成功合作的典型案例。先从小处着手，就能够更容易地说服人们完成更大的事。

结束语

QUIRKOLOGY:
the curious science of everyday lives

2006年8月22日下午1点，我站在了都柏林市中心的邮政总局外面。这幢宏伟的建筑物正面有六根巨大的石柱。我小心翼翼地沿着人行道滚着测距轮，结果发现第一根柱子和第五根柱子之间的间隔刚好是60英尺。我倚靠在第五根柱子上，装作是一名尽情享受夏日阳光的游客。事实上，我的左手中藏着一个秒表，而我正在偷偷地观察从这幢建筑前面走过的行人。我寻找的目标是从对面独自走过来的人。每当有人走过第一根柱子时，我就会飞快地按下秒表开始计时。几秒后，他们就会经过60英尺的步行从我面前走过，此时我会停止计时。然后我会偷偷地看一眼秒表，并在一个笔记本上记下每个人走完这段路程所花的时间，我几乎每次外出旅行的时候都会随身携带这个破旧的笔记本。当然，我并不是那一天唯一做出这种奇怪举动的人，与此同时，还有一大群研究人员正在全球32个国家做着完全相同的实验。

在本书的一开始，我描述了自己所做的第一个搞怪实验。那是在1985年，研究的对象是刚在火车站碰面的人，我当时也偷偷地拿着一个秒表，让人们估计从我做自我介绍开始已经过去了多少时间。21年后，我又做了最近的这次实验。和火车站的实验一样，这次的实验也会涉及毫不知情的路人和藏起来的秒表。然而，跟我此前所做的研究不同的是，这可不是一次小规模实验。

英国文化协会的办公室遍布全球各地，每一个办公室都会通过多种多样的艺术、教育、科学、技术和体育活动向世界推介英国。2005 年下半年，我建议英国文化协会和我携手做一个大规模的跨文化实验，探究一下全球各地的生活节奏有何不同。我们采取的是罗伯特·莱文的创新研究方式（参见第 6 章），实验的目的是测量全球各地的人在 21 世纪的步行速度，并与莱文在 20 世纪 90 年代得出的实验结果进行对比，从而发现人们是不是比以前走得更快了。

就在我站在都柏林邮政总局大楼外面的同一天，我们的研究团队已经带着秒表、卷尺和钢笔进入了全球各地诸多城市的市中心。和莱文采取的实验方式一样，他们也会在繁忙的大街上找一条宽阔的人行道，而且也要确保人行道是平坦的、没有任何障碍物，而且并不是特别拥挤，这样的话，人们就可以尽情在上面阔步前行了。在当地时间上午 11 点半和下午 2 点之间，他们会记下 35 名男士和 35 名女士走过一条 60 英尺的人行道所花的时间。观察的对象仅限于独自走在路上的成年人，而且把所有边走边打电话的人和提着很多购物袋的人全部排除在外。

从巴黎到布拉格，从新加坡到斯德哥尔摩，研究人员从 32 个国家和地区各选了一个主要大城市，并测量了每一个城市的生活节奏。这次实验涵盖了很多莱文曾经造访过的城市，另外又加了几个他在 1994 年的研究中未涉及的城市。不同国家和地区不同城市的生活节奏排行榜具体如下：

生活节奏最快

名次	城市	国家和地区
1	新加坡	新加坡
2	哥本哈根	丹麦
3	马德里	西班牙
4	广州	中国
5	都柏林	爱尔兰
6	库里蒂巴	巴西
7	柏林	德国
8	纽约	美国
9	乌得勒支	荷兰
10	维也纳	奥地利
11	华沙	波兰
12	伦敦	英国
13	萨格勒布	克罗地亚
14	布拉格	捷克
15	惠灵顿	新西兰
16	巴黎	法国
17	斯德哥尔摩	瑞典
18	卢布尔雅那	斯洛文尼亚
19	东京	日本
20	渥太华	加拿大
21	哈拉雷	津巴布韦
22	索非亚	保加利亚
23	台北	中国台湾
24	开罗	埃及
25	萨那	也门
26	布加勒斯特	罗马尼亚
27	迪拜	阿拉伯联合酋长国
28	大马士革	叙利亚
29	安曼	约旦
30	伯尔尼	瑞士
31	麦纳麦	巴林
32	布兰太尔	马拉维

生活节奏最慢

就在同一天，我们也派出人员去英国的各大城市进行测量。结果显示，伦敦人的步伐是最快的，走过 60 英尺的人行道平均花费的时间为 12.17 秒。接下来就是贝尔法斯特人，平均所需时间为 12.98 秒。排在第三名的是爱丁堡人，平均时间为 13.29 秒。步伐最慢的是加的夫人，他们的平均时间竟然是 16.81 秒。这些数字的差距看起来可能不是很明显，但如果算一下累加值就会令人大吃一惊了。约翰奥格罗茨是位于苏格兰最北端的一个小村庄，也就是英国的天涯，兰兹角位于英格兰西南端，也就是英国的海角，两者之间的距离为 874 英里（约 1407 千米）。如果让一名伦敦人从英国的天涯走到海角，大概需要 11 天，如果换成加的夫人，所需的时间差不多就是 15 天了。

通过对比，我们的实验和莱文的实验都涉及了 16 个城市，我们已经能够确定人们的生活节奏是不是已经加快了。我之所以去爱尔兰，就是因为莱文的实验显示都柏林人的步伐是全世界最快的，穿过 60 英尺的人行道只需要 11.13 秒。我在 2006 年的实验中得出的结果并没有太大的变化，具体为 11.03 秒。在莱文给出的排行榜上名列前茅的其他一些城市也基本没有出现步伐显著加快的现象，包括东京、纽约、伦敦和巴黎。那么，在莱文的榜单上排在最后几名的城市是否也一样呢？1994 年，布加勒斯特人走完 60 英尺的人行道平均需要 16.72 秒，到了 2006 年，他们已经将这个时间降到了 14.36 秒。维也纳人所需的平均时间也减少了 2 秒，从原来的 14.08 秒降到了 12.06 秒。索非亚、布拉格、华沙和斯德哥尔摩也出现了步伐加快的现象。不过，变化最大的当属广州和新加坡。平均而言，这两个城市的人在 2006 年所需的时间都比 1994 年少了 4 秒，这意味着他们的生活节奏要比世界上的许多地方快了 4 倍。在 20 世纪 90 年代初期，16 个国家的平均步行速度是在 13.76 秒内走完 60 英尺。到了 2006 年，所需的时间就降到了 12.49 秒。我们的步行速度测量结果显示，全球各地的人都走得越来越快了。

这种巨大的变化仅仅花费了 10 年时间。如果照这样的速度走下去，到了 2021 年，人们走完 60 英尺的距离基本上就不花什么时间了。如果推算到 2040 年，他们在动身前几秒就已经到达了目的地。依据米尔格兰姆的“感觉超负荷”理论（参见第 6 章），我们得出的研究结果意味着生活在这些城市的人会变得更不乐于助人，他们会更关心与自身利益相关的事情，而且彼此之间的孤立感会变得比以前更为强烈。考虑到这些因素在创造关爱型社区中的重要性，有些人可能会说全球各地城市居民的步伐已经超过了所在地的生活节奏。这是一种颇令人担忧的想法，尤其是最近一次的《世界城市状况》报告得出结论，有史以来第一次，城市居民的数量超过了乡村居民。

在都柏林完成测量实验后，我合上了自己的笔记本，离开了邮政总局（以每秒钟 5.45 英尺约 1.7 米的速度），并开始回顾自己在过去的 21 年里对生活中的古怪处所做的各种探究。我的研究范围也可谓涉猎广泛，我测试过一个国家的说谎技巧，也对搭讪语和交友广告中的心理进行过解密，除此之外，这些研究工作也带给了我很多美好而难忘的回忆，其中包括在闹鬼的房间里待上几个晚上，在搞笑俱乐部里做不搞笑的即兴表演，让我的博士研究生穿上超大号的小鸡服装，看 4 岁的孩子在股票市场上一展身手，感受 60 英尺长的炽热炭火堆所散发的热量（在这个实验中我们没有测试火行者的速度，不过我估计他们的速度肯定会让都柏林人望尘莫及）。然而，没有什么科学实验是在真空中独立存在的，很多大胆探索人类行为未知面的学者做了大量的研究工作，而这为我所从事的研究奠定了坚实的基础。这些研究人员为了自己所从事的科学事业吃尽了苦头，他们曾偷偷地藏在超市和保龄球馆里，他们曾对杀人犯的尸体进行过电击，他们曾在红绿灯前刻意阻碍交通，他们也曾花费了大量的时间翻阅数百万人的死亡记录。这些怪诞心理学家让我们得以深入认识心理学的诸多领域，其中包括欺骗、迷信和助人为乐心理。这些研究也已帮助我们揭开了日常生活中所蕴含的秘密心理，显示出我们的日常生活事实上是多么令人着迷。正如阿瑟·柯南·道尔在《血字研究》中所说的："毫无疑问，生活比人们的大脑所能够想象的一切还要更为奇特。"

在过去的100多年里，有一小群高度敬业的人一直在研究像你一样的人。你的生活是一种极为奇特的现象，直到今天，他们所做的工作不过是触及了这个奇特现象的冰山一角。我希望这本书能够有助于将怪诞心理学从冷门学科变为主流学科，而且对不寻常现象的研究能够成为司空见惯的事情。我也希望这个领域的学者们可以进行更多既有趣又特别的研究，比如说，他们可以去探索金发女郎是不是真的更为有趣，我们为什么会做白日梦，人们的个性和他们使用的手机铃声之间有什么关系，为什么有些人比别人更受欢迎，会口技的人是否具有多重性格，穿校服是否真的会扼杀孩子们的创意，以及为什么我们会喜极而泣，等等。总而言之，我梦想着未来的世界里充满了探究生活中稀奇古怪层面的研究人员。下一次再有人在大街上拦住你问几点了，或者你的车子前面有辆车在绿灯亮起后还迟迟没动，或者你发现地上有一张 20 英镑的钞票，那就要小心了。事情可能没有你想象的那么简单。

后记

QUIRKOLOGY:

the curious science of everyday lives

化解遍布全球的“宴会枯燥症”

调查显示，87% 的人都患有“宴会枯燥症”——担心在晚宴上只能聊一些非常无聊的话题。为了帮助大家从这种担忧中解脱出来，我最近举办了一系列“实验性”的晚宴。在开吃之前，我邀请的每一位宾客都必须对一长串的问题描述进行评估，这些描述全部来自本书中提到的那些实验和研究。评估的打分标准从 1（随便吧）到 5（真的吗？什么时候出简装版啊）不等。随后我会对人们给出的分数进行汇总和分析，并以此找出那些即便是在最无聊的宴会上也能让大家热烈讨论的话题。

以下就是排在前十名的话题，让我们从最后一名慢慢说起。

第十名：研究人员请人们用几个词语描述大学教授或足球流氓，随后研究人员会请每名参与者回答棋盘游戏中随机给出的题目。结果显示，描述大学教授的参与者答对问题的比例要高得多。

第九名：女性的征友广告如果让男性来写会吸引更多的人积极回应，但男性的征友广告如果换成女性来写则不会有这种效果。

第八名：蒙娜丽莎的微笑之所以那么神秘，是因为达·芬奇的画法所致，如果你看着她的眼睛，她的笑容就会非常明显，而且非常迷人，但如果你看着她的嘴，效果就没有那么明显了。

第七名：与其他人相比，货车女驾驶员更有可能在购买的物品超过10件时仍使用快速结账通道，也更有可能超速驾车和在禁止停车的地方胡乱停车。（结果显示这个话题非常受女性的青睐。）

第六名：有些看起来很诡异的体验，比如感觉到有神秘的东西存在，事实上都是风吹过打开的窗户时产生的低频声波所致。（这是男性评分最高的话题。）

第五名：含有 /K/ 音的单词特别容易惹人发笑，比如 duck（鸭子）、quack（鸭子的叫声，嘎嘎）和 Krusty the Clown（小丑科瑞斯特）。

第四名：夏季出生的人要比冬季出生的人更幸运一些，出生时的温度差异让夏季出生的人更积极乐观，而且也更能把握住身边的机会。

排在第三名的话题跟谎言研究有关。

鉴别谎言的最佳方法就是去聆听而不是去观看，说谎者通常说的话不多，不会给出太多的细节，而且使用表示“我”的单词 I 的频率远远低于说真话的人。

摘得亚军的话题依然跟欺骗有关，具体而言是关于虚假微笑的。

真心的笑容和虚假的笑容之间最大的差异都写在了人的眼睛上：当

人们露出真心的笑容时，眼睛周围的皮肤会形成皱纹；但当人们假笑时，眼睛周围的皮肤依然是平平的。

荣登冠军宝座的话题是一个跟穿毛衣以及狗屎相关的奇怪事实。

人们宁愿穿沾有狗屎而且没有洗过的毛衣，也不想穿杀人狂魔穿过且已经干洗过的毛衣。

下一次再去参加晚宴的时候，你就可以准备几个已经经过科学验证的事实，然后在现场跟大家进行有趣的讨论。

只要联合起来，我们就能够消除“宴会枯燥症”。

大型秘密实验

为了忠于怪诞心理学的精神，本书内嵌了一个非同寻常的研究项目，该项目分为两个阶段，并将最终揭示出读者个性中的诸多方面。购买本书时，读者就已经参与了第一阶段的研究。第二部分则是访问 www.quirkology.com 网站并完成一份简短的个性调查问卷。

我们将对你所提供的所有信息严格保密，为了顺利完成这项研究，我们需要尽可能多的读者参与其中。

当然了，也不排除有这么一种可能性：当你读到这本书的时候，我们的实验已经结束了。如果的确如此，你就可以在 www.quirkology.com 网站上看到实验的最终结果。

致谢

QUIRKOLOGY:
the curious science of everyday lives

这本书的缘起是我和科普作家迈克尔·谢莫之间的一次偶然谈话，谢莫还是《科学美国人》杂志的专栏作家。2005 年 11 月，迈克尔好心地安排我到加州理工学院演讲。在回宾馆的路上，我们一直在聊天，当时我突然想到可以写一本有关特殊心理学实验的图书。谢谢你，迈克尔。如果没有那次谈话，这本书可能永远也不会出现。

书中描述的很多研究工作都得到了各种组织机构的资金支持和鼎力相助。首先，我想感谢赫特福德郡大学常年以来对我的研究给予了慷慨的支持。感谢英国科学促进会的苏·赫迪珍科、吉尔·尼尔森·尼克·希利尔、克雷格·布赖尔利和保罗·布里格斯，谢谢你们在金融占星实验和笑话实验室研究中做了那么多价值非凡的工作。我还要感谢爱丁堡国际科学节的西蒙·盖奇、特雷西·福斯特和保林·穆林，感谢你们帮忙推进“天生幸运儿”实验，以及在微笑科学和闪电约会的探究性实验中所提供的帮助。同样感谢切尔滕纳姆科学节的卡蒂·史密斯以及其他工作人员，谢谢你们帮忙组织和实施了“小世界”现象的研究。还要感谢新西兰科学节的导演凯伦·哈茨霍恩，感谢你帮忙组织和实施了第二次“天生幸运儿”实验，并安排我们在达尼丁公立艺术画廊展出那些照片。感谢英国文化协会为我的新西兰之旅提供了慷慨的资助，也感谢弗利西蒂·康奈尔在我停留新西兰期间对我的悉心照顾。我还要感谢英国文化协会的迈克尔·怀特，感谢你帮我完成了“全球生活节奏”研究，同时也对那些抽出宝贵的时间在世界各地测量步行速度的研究人员表示衷心的感谢。

书中提到的很多研究都离不开媒体的支持，在过去的几年里，我有幸能够与一些天才的记者和节目制作人携手合作。感谢《每日星球》节目组的佩尼·帕克和杰伊·英格拉姆，我们在很多研究中都有过愉快的合作，我还要特别感谢他们能够邀请我童年时代的偶像莱斯利·尼尔森参与实验。感谢约翰·泽瑞斯基和他的制作团队，在我们为笑话实验室拍摄纪录片时留下了很多美好的回忆。感谢来自咬你腿公司的伊莎贝尔·威廉姆斯，是你让我得到了那种超现实的体验，让我得以看到人们真的会花几英镑去买一文不值的窗帘扣环。我要特别感谢《每日电讯报》的科学编辑罗杰·海菲尔德和科普作家西蒙·辛。罗杰，谢谢你带我走进了令人兴奋的科学传播世界，并把我那么多的想法变成了现实。每次看到你的时候，我都会提醒自己，如果没有罗杰，我将是一个根本没人在乎的小人物。西蒙，谢谢你和罗宾·代伊爵士的精彩实验，也感谢你多年来提供的所有宝贵建议和专业知识。如果没有你，罗杰也将是一个没人在乎的小人物。

我还要感谢我的同事们和我的那些合作伙伴。感谢进行彩票实验的马修·史密斯，他还花了很多时间在所谓的通灵会上从事黑暗中的秘密行动。感谢艾玛·格林宁，她帮我寄出了“小世界”研究中的所有包裹，帮忙捉鬼，探究暗示心理，审读成千上万的笑话，面对千头万绪的烦琐工作，她竟然还有精力大笑，这可真让我佩服。感谢萨拉·伍兹，在大脑扫描时做出贡献的正是她的脑袋，她还帮助测量了伦敦人的生活节奏，而且并不介意笑话实验室里那些嘲笑金发女郎的笑话，她自己就是一个金发美女。感谢塞伦·奥凯弗，身穿超大号小鸡服装的就是奥凯弗，跟我一起寻觅英国著名闹鬼地点的也是他。感谢艾德里安·欧文，帮忙实施大脑扫描和找出世界上最爆笑笑话根源的人正是欧文。感谢次声波团队的所有成员（莎拉·安格利斯、塞伦·奥凯弗、理查德·罗德、丹·西蒙，以及捷妮娅），我们不仅完成了一项颇具启迪意义的实验，而且还共同度过了一段愉快的时光。感谢吉姆·赫安和捷安堤·乔泰，谢谢你们分享了自己在灵异经历、闪电约会和时间心理学上的宝贵经验和专业知识。感谢凯伦，谢谢你帮忙做闪电约会的实验并让我们在图书的封面上使用你的照片。感谢彼得，谢谢你慷慨地让我们复制你那颇具教育意义的虚假微笑和真心的笑容。感谢布莱恩·费斯巴赫，感谢你为凯伦和彼得拍了那么多很棒的照片。感谢克利夫·杰弗瑞斯，他在与通灵会相关的研究中在黑暗中待了很久，而且还对本书提出过很多精辟的见解。感谢安迪·尼曼，你的表演太有说服力了，难怪有人相信你的确能够与鬼魂对话，还要谢谢你给我带来了那么多的笑声，我觉得无论你去做什么都会大获成功的。

如果没有我的经纪人帕特里克·韦尔奇和艾玛·派瑞的积极指导和

专业知识，如果没有编辑詹森·库珀、理查德·米尔勒以及乔安·米勒的倾情付出，这本书可能就不会诞生了。我还要特别感谢我的同事和合作伙伴卡罗琳·瓦特，谢谢你帮我设计和实施了本书中所提及的绝大部分研究工作，谢谢你在我遇到挫折的时候给了我急需的支持和鼓励，谢谢你所付出的十二分的努力。真的非常感谢！

最后，衷心感谢做过数百种搞怪实验的研究人员和数百万名为这项事业做出过贡献的参与者。如果没有你们，这本书绝对不会是现在这个样子，而且篇幅肯定会短很多。

著作权合同登记号：图字 18-2013-371

图书在版编目（CIP）数据

怪诞心理学：揭秘日常生活中的古怪之处 /（英）理查德·怀斯曼（Richard Wiseman）著；路本福译 . -- 长沙：湖南文艺出版社，2018.3（2024.9 重印）

书名原文：QUIRKOLOGY: THE CURIOUS SCIENCE OF EVERYDAY LIVES

ISBN 978-7-5404-8543-6

Ⅰ. ①怪… Ⅱ. ①理… ②路… Ⅲ. ①心理学一通俗读物 Ⅳ. ① B84-49

中国版本图书馆 CIP 数据核字（2018）第 025553 号

上架建议：大众心理

GUAIDAN XINLIXUE : JIEMI RICHANG SHENGHUO ZHONG DE GUGUAI ZHI CHU

怪诞心理学：揭秘日常生活中的古怪之处

著　　者：［英］理查德·怀斯曼（Richard Wiseman）
译　　者：路本福
出 版 人：陈新文
责任编辑：匡杨乐
监　　制：邢越超
策划编辑：李齐章
特约编辑：彭诗雨
版权支持：辛　艳　王立萌
营销支持：文刀刀
封面设计：主语设计
版式设计：潘雪琴
出　　版：湖南文艺出版社
（长沙市雨花区东二环一段 508 号　邮编：410014）
网　　址：www.hnwy.net
印　　刷：三河市中晟雅豪印务有限公司
经　　销：新华书店
开　　本：875 mm × 1270 mm　1/32
字　　数：210 千字
印　　张：9
版　　次：2018 年 3 月第 1 版
印　　次：2024 年 9 月第 8 次印刷
书　　号：ISBN 978-7-5404-8543-6
定　　价：52.00 元

若有质量问题，请致电质量监督电话：010-59096394
团购电话：010-59320018